纺织服装高等教育“十三五”部委级规划教材

服装画表现技法

主　编　黄　伟
副主编　贺　柳
　　　　张　宁

東華大學出版社
·上海·

图书在版编目（CIP）数据

服装画表现技法/ 黄伟主编.—上海：东华大学出版社，2020.6

ISBN 978-7-5669-1750-8

Ⅰ.①服… Ⅱ.①黄… Ⅲ.①服装-绘画技法-高等学校-教材 Ⅳ.①TS941.28

中国版本图书馆CIP数据核字(2020)第105123号

责任编辑　吴川灵
封面设计　雅　风

服装画表现技法

FUZHUANGHUA BIAOXIAN JIFA

黄伟　主编

东华大学出版社出版

（上海延安西路1882号　邮政编码：200051）

新华书店上海发行所发行　上海颛辉印刷厂有限公司印刷

出版社官网：http://dhupress.dhu.edu.cn/

出版社邮箱：dhupress@dhu.edu.cn

发行电话：021-62373056

开本: 889 mm × 1194 mm　1/16　印张: 11　字数: 394千字

2020年6月第1版　2022年8月第2次印刷

ISBN 978-7-5669-1750-8

定　价：68.00元

目 录

第一章　服装画概述

学习目标：通过概念性的讲解，了解服装画、服装效果图、服装款式图的概念、分类、特点及学习服装画的方法等。

学习要求：1、提出一些相关的问题，讲解什么是服装绘画。

2、通过讲解深入了解服装画绘制工具的特点。

3、准备好必要的绘画工具。

学习重点：认真比较时装效果图、款式图、时装插画的区别。

学习难点：如何正确区分服装绘画风格与绘画工具的适用性。

第一节 服装画的含义

一、服装画的含义

服装画是一种以绘画为基础手段，通过一定的艺术处理来表现服装款式特征和展现其穿着美感的画种，是艺术性与技术性相结合的一种艺术形式。从设计师的设计草图到独立的艺术表达方式，它兼顾了服装的实用性、商业性以及艺术的创造性和传达性。

二、服装画的目的与意义

虽然服装画所表现的主题内容形式以及手法各异，但其目的基本相同，主要体现在以下四个方面：

1. 通过服装画的形式来体现设计师对潮流的把握，表达设计师的设计意图（图1–1–1）。

2. 在设计师与工艺师之间起到桥梁的作用。工艺师通过画面不仅可以掌握服装的结构、比例，同时还能进一步洞察作品的风格。服装画为设计的完美体现奠定了基础。

3. 服装画以其独有的艺术魅力在服装及相关领域的广告、宣传上占有一席之地，对产品销售有一定的促进作用（图1–1–2）。

4. 服装画已经远远超出纯粹的商业插画和设计效果图，可作为一件具有独特审美价值的艺术作品存在（图1–1–3）。

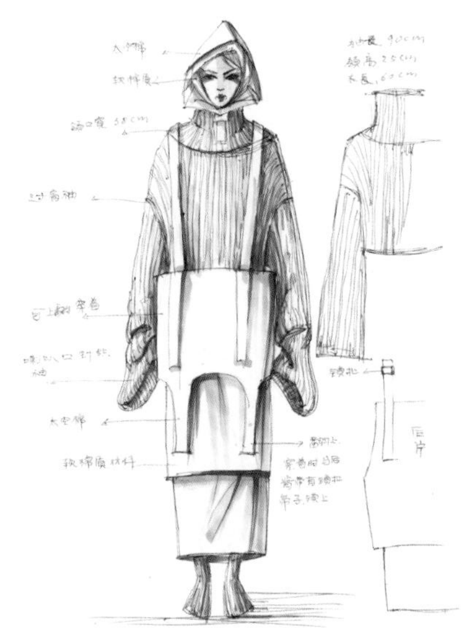

图1–1–1

图1–1–2

图1–1–3

三、服装画的特点

服装画的特点是构图单纯、人体夸张、动态优美、形式美感强。

一方面，服装画是以绘画的形式出现，采用绘画的艺术语言来表达作品主题，因此具备绘画艺术的基本特征。同时，服装画表现的主体服装 ，又必须满足人类生产、生活的基本要求，受制于设计艺术必备的技术性，包括相应的生产条件及工艺手段等。另一方面，服装画是艺术性与实用性的结合。因为服装画表现的主题是服装，其虽然具备绘画艺术的基本特点，但仍有别于纯绘画艺术。从实用层面分析，服装画是沟通设计师与工艺师之间的纽带，设计师必须考虑完成的可能性以及成衣效果，因此，服装画也具备设计图的功能（图1–1–4、图1–1–5）。

图1–1–4

图1–1–5

第二节 服装画的类别

根据服装画不同的用途，我们把服装画分为服装插画、服装效果图、款式图等。

一、服装插画

服装插画是一个宽泛的概念，又可以直接称为服装画，是以时装为表现主题来体现时装或时尚风貌的插画绘画形式，主要以求得画面的美感、新奇为目的。其技法与画面效果可任意发挥，不受任何形式限制且带有显著的个性色彩，具有时尚性、独特性、创造性、趣味性等特点（图1–2–1、图1–2–2）。

图1–2–1

图1–2–2

二、服装效果图

服装效果图是设计者以设计要求为内容，用以表现服装设计构思的概括性的、简洁的绘画，表现服装的造型、分割比例、局部装饰及整体搭配等。它是以表现服装为主体的绘画，是服装设计师表现其设计概念的，以模拟服装成型后的效果为目的的图画。服装效果图通常需要表现人物、服装款式和面料质感，还伴有设计说明和工艺说明，面料小样和款式图等。

服装效果图可以分为参赛效果图和企业效果图。

1. 参赛效果图：根据大赛要求绘制系列款式设计图，创意感强。主要以突出个性的设计为目的，追求新奇构图与独特绘制效果（图1–2–3）。

要求：① 有上佳的设想构思，充分体现大赛设计主题。

② 有扎实的绘画表现技能或计算机辅助设计和图形处理能力。

2. 企业效果图：主要以某一季度款式设计为主，为开发新的流行款式而绘制。一般企业用的效果图画面平实，考虑设计产品的共性较多，画面强调直观、写实，目的是达到服装成型后的模拟效果（图1–2–4）。

要求：表现出清晰的服装结构，真实地展现服装成型后的着装效果。

企业效果图在结构表现上虽不如款式图清晰，但却能真实地展现服装成品的穿着效果。

图1–2–3

图1–2–4

三、款式图

款式图为直接使用单线勾画出服装各部位比例与结构关系，重点刻画服装的款式、局部造型以及配件等，无需表现立体感及服装人体，且能借助制图工具描绘。某些部位甚至单独放大成图或者使用文字说明以及直接粘贴相关材料等手法。它多用于成衣生产，是设计师与工艺师之间有效的沟通工具（图1–2–5）。

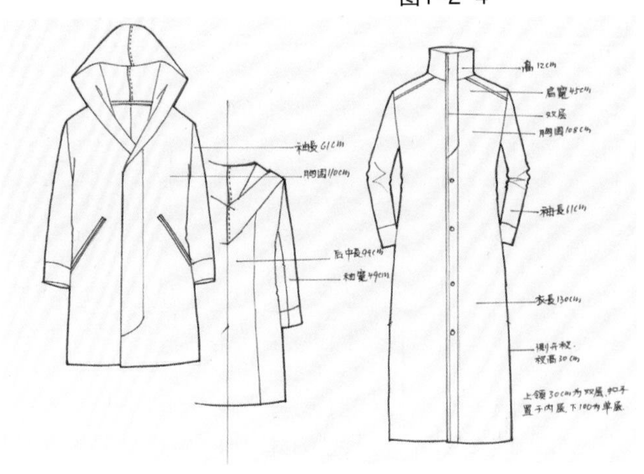

图1–2–5

四、服装画与服装效果图

服装画与服装效果图的区别：一个是“画”，一个是“图”。

画：更注重烘托气氛和表现感觉，有很强的观赏性。服装画的设计者又称插画师，对设计有独特的理解与表现，同时又游离于标准的服装行业之外（图1-2-6）。

图：除了观赏性之外，还要充分表达设计结构，表现衣着效果，有一种“说明”的性质，其使用价值占主导地位。服装效果图的设计者又称设计师，有较强的设计语言表达力，设计师用效果图表达设计灵感（图1-2-7）。

图1-2-6　　图1-2-7

第三节 服装画与服装设计的关系

一、设计的有效工具

服装画表达服装具有方便、快捷的特点，而且成本低廉，适合于任何场合。因此，直到今天还没有一种形式能够取代服装画用于服装设计的表达。

二、设计的基本手段

国内外大多数成功的服装设计师都精通服装画绘制。优秀的服装画作品不仅能够尽善尽美地体现作者的设计意图，同时，图中完美的人体动态、绚丽的色彩以及优美的线条都会带给设计师无尽的设计灵感。

三、设计的必要保障

好的创意与构思是服装设计成功的关键。然而，我们的设计有时会在漫长的实施过程中偏离初衷。因此，服装画的存在为我们顺利实现设计初衷提供了保障。同时，成功的服装设计也为服装画的创作提供了新的源泉。

第四节 服装画学习的基本内容与方法

一、服装画学习的基本内容

服装画包含的内容虽然繁杂，但对其进行归纳、总结后，主要包括素描稿和色彩稿两方面内容。

素描稿是画好服装画的基础，包括人体结构、比例、动态以及着装等四个主要方面。素描稿的难点主要在于人体结构、比例与动态的把握，服装款式的表达，穿着后服装的表现，光线设置及明暗关系处理。通过描绘符合服装风格特征的人体动态后努力做到人与衣的完美结合。因此，人体写生、速写等基础知识的学习必不可少。

色彩稿在素描稿绘制的基础上强调色彩搭配、面料质感等。它是通过色彩的表现手法，对服装进行描绘。服装画的工具繁多，要勤奋练习，掌握各种绘画材料的特性，取长补短，融会贯通。

二、服装画学习具备的能力

1. 目测比例的能力。
2. 掌握人体结构及理想人体比例的能力。
3. 人体动态设计及绘制的能力。
4. 明暗关系及空间处理能力。
5. 掌握各种绘画材料的能力。
6. 款式设计及着装表现能力。
7. 收集优秀作品的能力。
8. 灵敏捕捉流行信号的能力。

三、学习方法

服装画的学习方法与其他课程基本相同，注重“多看、多想、多练”。

“多看”是量的积累。只有多看多学习，才会提高审美水平且自明其理。

“多想”是多分析、多动脑。特别是对一些好的服装画作品，一定要反复研究，从各方面进行分析，找出优点为己所用。

“多练”是反复练习，使表现技法更加娴熟。同时，多练还必须运用正确的方法，先掌握基本的人体知识，练好基本功，再练着装线稿，然后练着色，“多则熟”“熟则巧”。服装画的具体训练方法有临摹优秀时装画，画照片，根据主题设计创作等（图1-4-1、图1-4-2）。

图1-4-1

图1-4-2

第五节 服装画的常用工具

服装画技法与画面效果都可以任意发挥，所以绘制工具不受限制，主要有纸、笔、颜料、画板、胶带等。

1. 纸张。用于绘制服装画的纸张一般有打印纸、素描纸、水粉纸、水彩纸、各类卡纸、底纹纸等。

2. 颜料。常用的有两种：一种是水彩颜料，其特点是覆盖力较弱且色彩透明；另一种是水粉颜料，其特点是覆盖力较强（图1-5-1）。

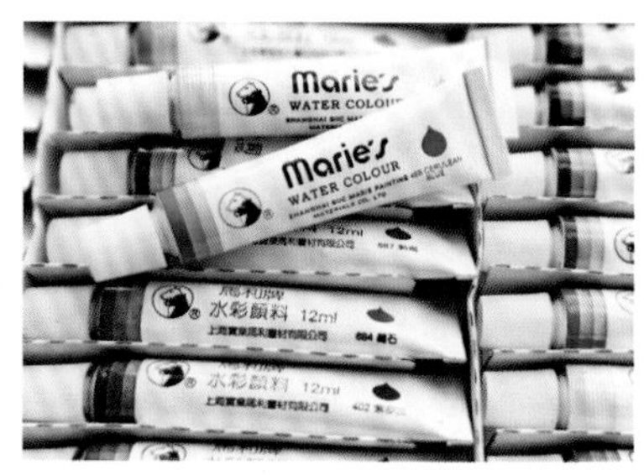

图1-5-1

3. 其他辅助工具。画板、调色盘（图1-5-2）、水桶、拷贝纸、胶带等。

图1-5-2

4. 笔。服装画的用笔主要有三种：画初稿用的铅笔、涂色用的涂色笔、勾线用的勾线笔。

（1）画初稿用的铅笔：常用的是软硬适中的六棱杆铅笔如HB，或者自动铅笔。

（2）涂色笔：白云毛笔（圆头毛笔）、水粉笔（扇头毛笔）、水彩笔（分圆头和扇头两种）、马克笔（分水性和油性两种）、彩铅（分水溶性和非水溶性两种）、油画棒等（图1-5-3 ~ 图1-5-5）。

（3）勾线笔：勾线笔主要分两种，即硬线笔和软线笔。硬线笔有针管笔、速写钢笔、纤维笔等；软线笔有衣纹笔、叶筋笔、小红毛笔等（图1-5-6）。

图1-5-3

图1-5-4

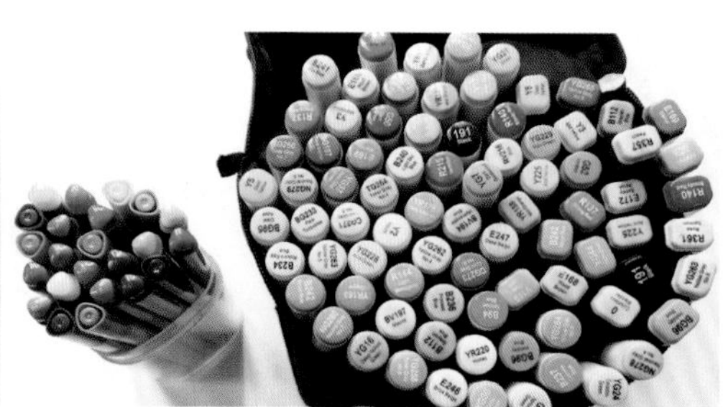
图1-5-5

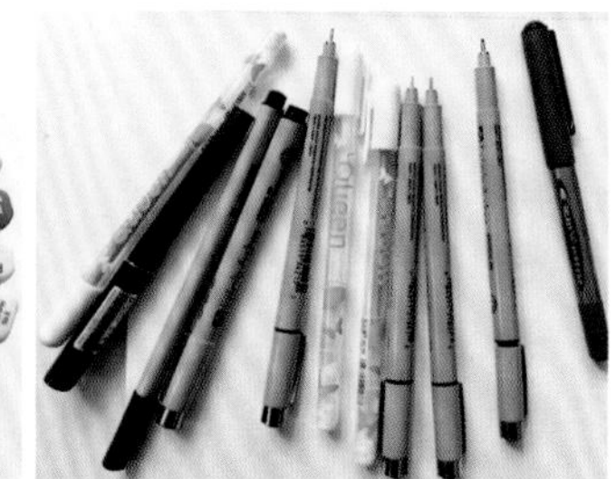
图1-5-6

课后建议练习

1. 对时装照片进行速写临摹练习。

2. 把衣服平铺进行写生。

3. 对常用绘画工具绘制特点进行总结。

第二章　服装画人物造型基础

教学目标：通过理论讲解与训练，使学生掌握基础人物造型绘制，提高学生观察、记忆、表现三方面的能力。

教学要求：1. 让学生了解时装画人体的比例、结构及姿态变化等。

2. 收集人体相关图片资料，将服装人体和实际人体的结构比例进行全面比较。

3. 准备线描稿绘制相关工具。

教学重点：服装人体姿态变化规律。

教学难点：独立设计符合服装风格的人体姿态。

第一节 服装画人体比例与结构表现

一、人体基本结构及8个半头人体比例

服装设计要依据人体特点来进行，对人体结构的了解是学习服装画的重要基础。画人体时，我们要了解其结构、骨骼、肌肉、比例关系等基本要素。

1. 了解人体大形

我们可以把人体各部分用不同的几何形态进行归纳和概括，这样有助于观察并理解复杂的人体。如图2–1–1，人体的头部看作蛋形，颈部为圆柱体，肩胛为三角形，胸部为倒梯形，臀部为梯形，各关节为小球体，上臂为细圆柱体，下臂为细圆锥体，大腿为大圆锥体，小腿为小圆锥体，手为菱形，脚为锥形。

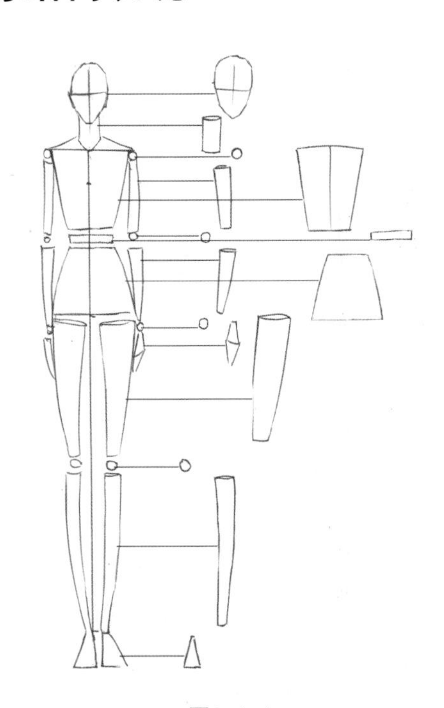

图2–1–1

2. 服装人体比例结构

所谓人体比例是指人体与各个部位之间的大小比较，通常是指人体各个部位间的长度、宽度比例。为了更好地体现服装美感，服装画中人体是理想化的，它比实际人体更修长、更苗条。因此，在绘制服装画时，人体要得到不同程度的夸张。例如：美国纽约时装学院服装教学中的人体比例为9个半头长左右，日本东京文化时装学院服装教学中的人体比例为8个头长至10个头长之间，法国巴黎时装设计学院服装教学中人体比例是10个头长以上。从这不难看出，服装画中人体的比例通常为8个半到10个头长（图2–1–2）。其中特别夸张四肢的长度，目的在于突出服装，满足视觉上的美感需求（图2–1–3 ~图2–1–6）。

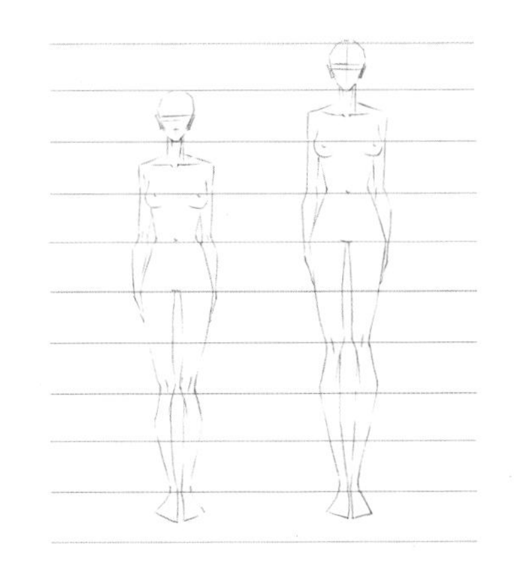

图2–1–2

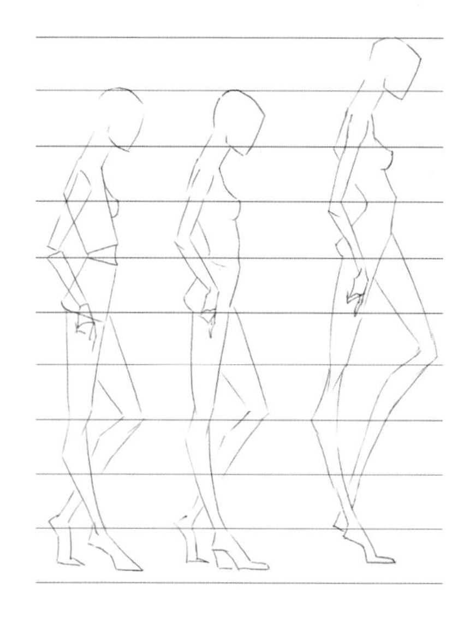

图2-1-3

图2-1-4

图2-1-5

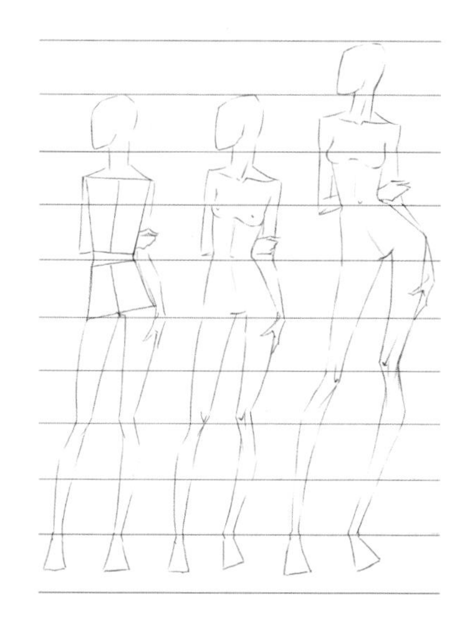

图2-1-6

我们以头的长度为标准单位来比较人体各部位的比例关系（图2-1-7）。

（1）8个半头长人体具体比例分析

① 第一头高：自头顶至下颚底。

② 第二头高：自下颚底至乳点。

③ 第三头高：自乳点至腰部。

④ 第四头高：自腰部至耻骨联合。

⑤ 第五头高：自耻骨联合至大腿中部。

⑥ 第六头高：自大腿中部至膝关节。

⑦ 第七头高：自膝关节至小腿二分之一处。

⑧ 第八头高：自小腿二分之一处至踝部。

⑨ 第八个半头高：自踝部至地面。

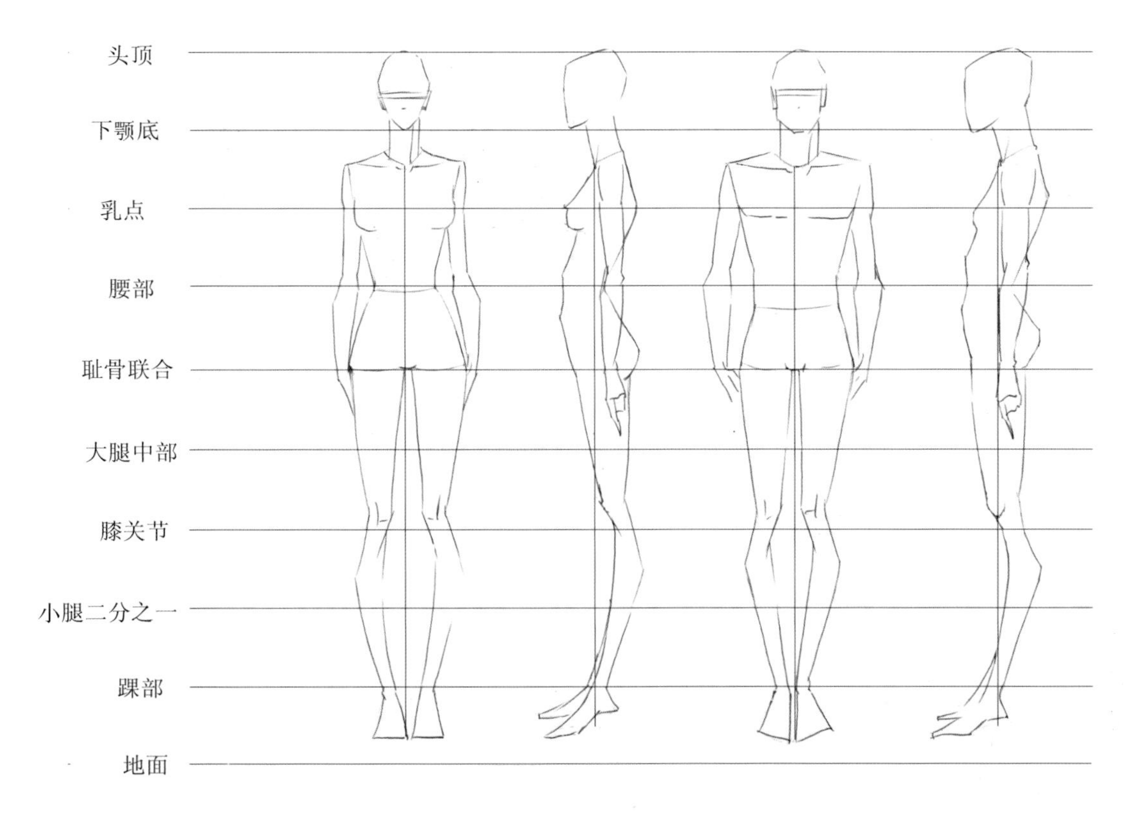

图2–1–7

（2）8个半头人体各部位的比例

① 肩宽：女性人体肩宽约为1个半头长，男性人体肩宽略小于2个头长。

② 腰宽：女性人体腰宽小于1个头长，男性人体腰宽约为1个头长。

③ 臀宽：女性人体臀宽与肩宽相同，为1个半头长；男性人体臀宽也为1个半头长。

④ 上肢：人体上肢总长度约为3个头长，其中上臂长度为1个半头长，前臂长度为一个头长多一些，手的长度为三分之二个头长。

⑤ 下肢：人体下肢总长度为4个半头长，其中大腿长度为2个头长，小腿长度为2个头长，脚的长度从正面角度观察约为半个头长，从侧面角度观察是1个头长。

二、女性人体、男性人体的特征比较

从上图不难看出，由于性别的不同，男、女性在生长发育过程中，人体比例的变化有较大的差别。随着成长体型特征也越来越明显，下面对男、女性人体体型特征进行比较分析。

1. 女性人体特征

女性人体下颚较小，颈部细而长；乳头位置比男性稍低，距脐约1个头长；腰线较长，腰宽略小于1个头长，肚脐位于腰线稍下方；股骨和大转子向外隆出，臀部丰满低垂；大腿平而宽阔，富有脂肪。

2. 男性人体特征

男性人体骨架、骨节比女性大，前额方而平直，颈粗而健硕；胸部肌肉丰满而厚实，两乳间距为1个头长；腰部两则的外轮廓线短而平直，腰部宽度为1个头长；盆腔较狭窄，大转子连线的长度短于肩宽；下肢肌肉结实、丰满且发达，男性的手和脚比女性的偏大些。

第二节 服装画人体动态表现

一、动态分析

人体动态变化无穷，但也有一定的规律可循，只要我们长期地练习、思考就会掌握其中的规律。当然，服装画表现时不是越难越少见的动态就越好表现服装，应该说适合表现服装的动态才是好的动态。一般舒展、挺拔的动态才是表现服装的好动态。

在学习中应收集设计时常用的人体动态，熟练地掌握这些动态的画法，做到能够默写（图2–2–1、图2–2–2）。

图2–2–1

图2–2–2

坐姿的人体比例（以8个半头为例）：上身4个头长不变，如大腿平放小腿垂直，那么总的高度为6个半头长；如大腿向上抬起，那么总高就小于6个半头长；如坐时大腿向下倾斜时，那么总高就大于6个半头长（图2-2-3）。

图2-2-3

在人体姿态理解中首先要有以下几条动态线的概念：

（1）肩线是胸腔倒梯形上方的肩宽线。

（2）髋线是盆腔梯形下方的髋宽线。

（3）脊柱线是脊柱形成的线。

（4）重心线是指从人体的领窝向地面引一条垂线，重心线是控制人体重心非常重要的因素（图2-2-4）。

我们常用所绘的人体并不复杂，大多数为正面的形象，有明确的规律可循。服装人体上有三根主要的动态线，其中肩线、脊柱线最为重要，其次是肩线和髋线。在表现服装人体时，掌握脊柱线、肩线和髋线的运动规律是表现人体动态的关键因素。服装人体的动态非常丰富，但是脊柱线、肩线和髋线的形态规律可用“>”“=”“<”三种符号概括。

第一、“>”，当肩线倾斜左侧高右侧低时，髋线的倾斜与它正好相反，为左侧低右侧高，人体中心线（脊柱线）位置的偏移朝向是“>”缩小的方向。

第二、“=”，当肩线与髋线的位置处于平行状态时，人体中心线（脊柱线）处于人体躯干中间位置。

第三、“<”，当肩线倾斜左侧低右侧高时，髋线的倾斜与它正好相反，为左侧高右侧低，人体中心线（脊柱线）位置的偏移朝向是“<”缩小的方向。

第四、支撑脚落点靠近或落在重心线上。

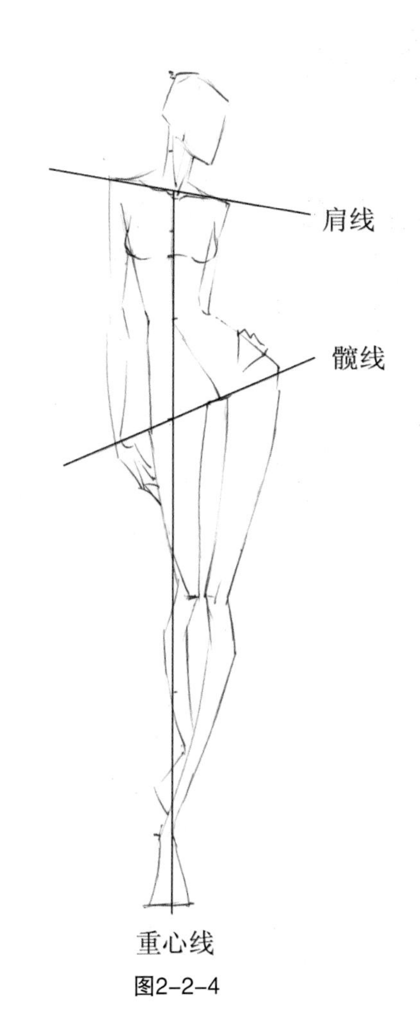

图2-2-4

二、人体姿态设计

图2-2-5~图2-2-8为各种人体姿态设计。

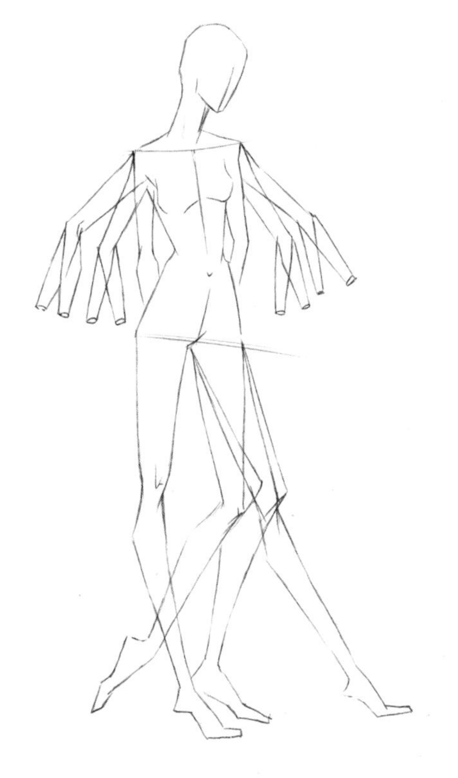

图2-2-5

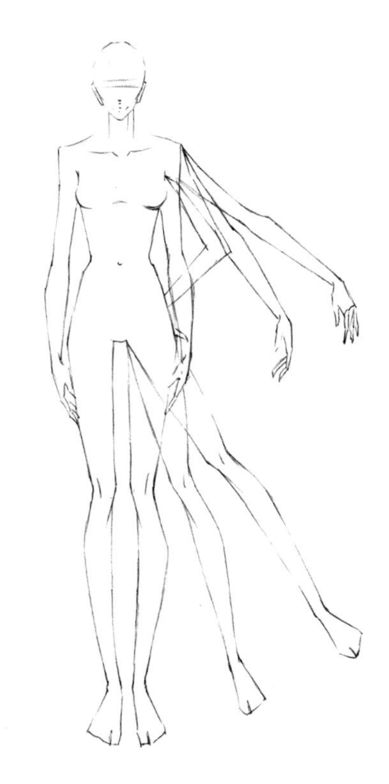

图2-2-6

图2-2-7

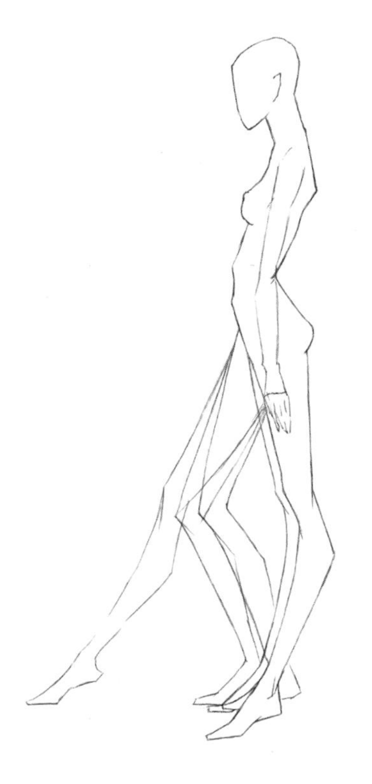

图2-2-8

人体姿态设计其实是在掌握人体比例、结构与动态规律后自行进行躯干部件组装的过程（图2–2–9~图2–2–13）。设计步骤为：

（1）确定人体比例。

（2）绘制肩线、髋线、重心线。

（3）绘制支撑腿，支撑腿是指人体重心受力大的腿。（在姿态设计中重心线存在的情况有三种：第一种是重心线在支撑腿的脚踝上；第二种是重心线在两腿之间；第三种是重心线在两腿之外。在人体姿态设计中第一、二种情况居多，第三种较少使用）。

（4）绘制四肢，上臂是以肩点为圆心画弧进行设计绘制，前臂是以肘关节为圆心画弧进行设计绘制，大腿是以大髋关节为圆心画弧进行设计绘制，小腿是以膝关节为圆心画弧进行设计绘制。（但要注意关节弯曲的角度与弧度。）

（5）绘制人体肌肉结构变化。

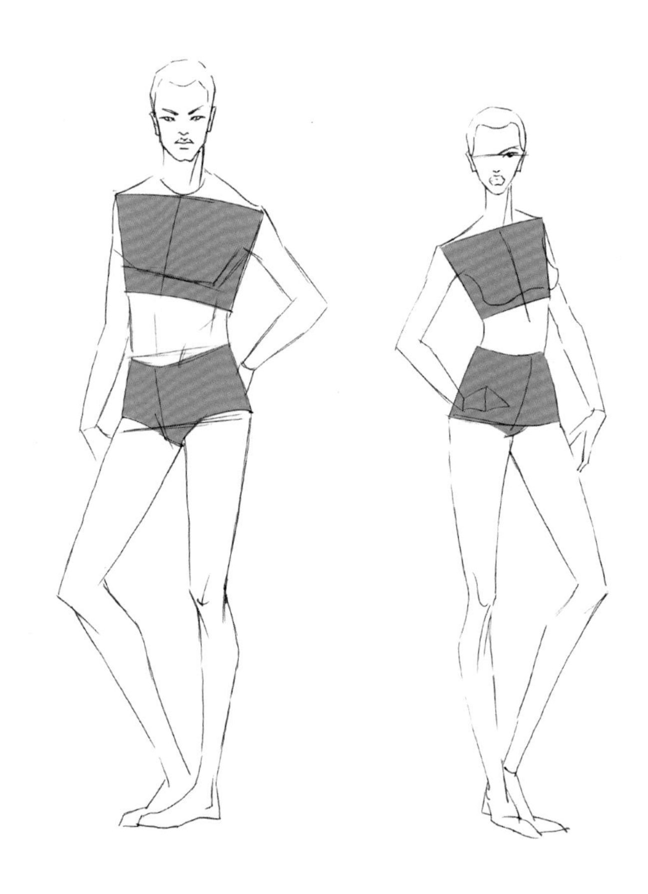

图2–2–9

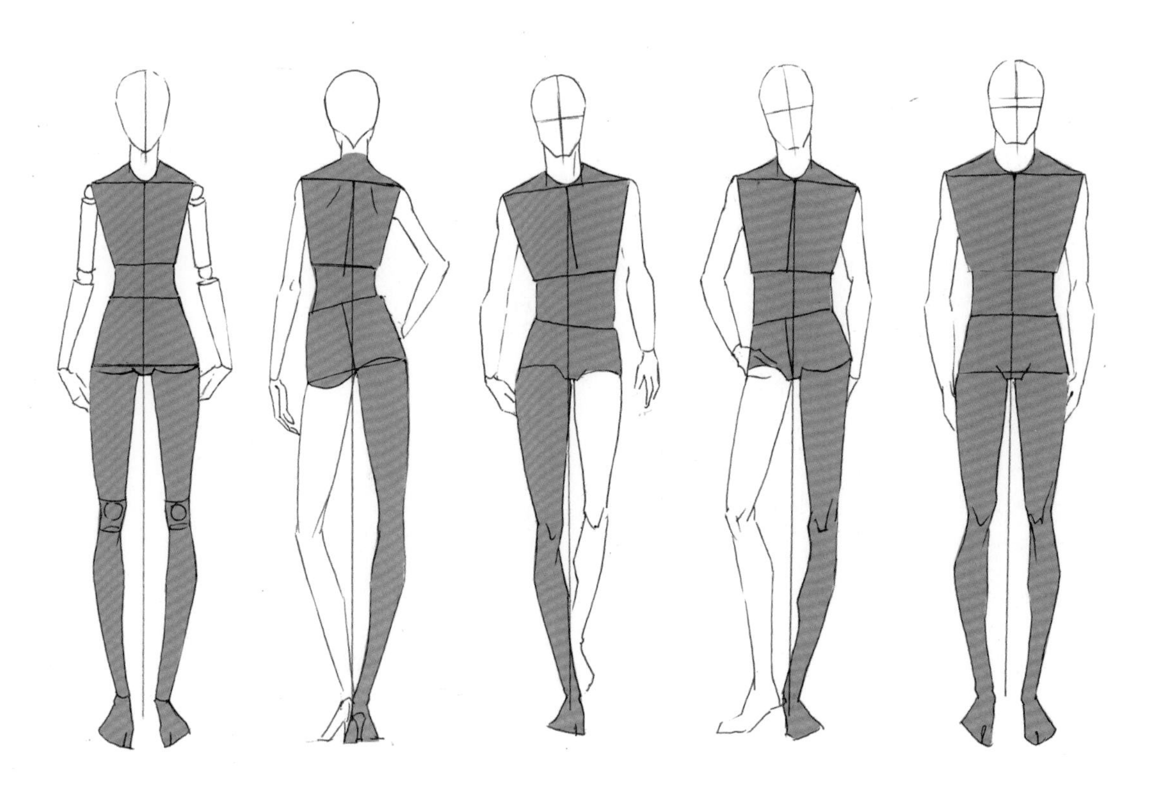

图2–2–10

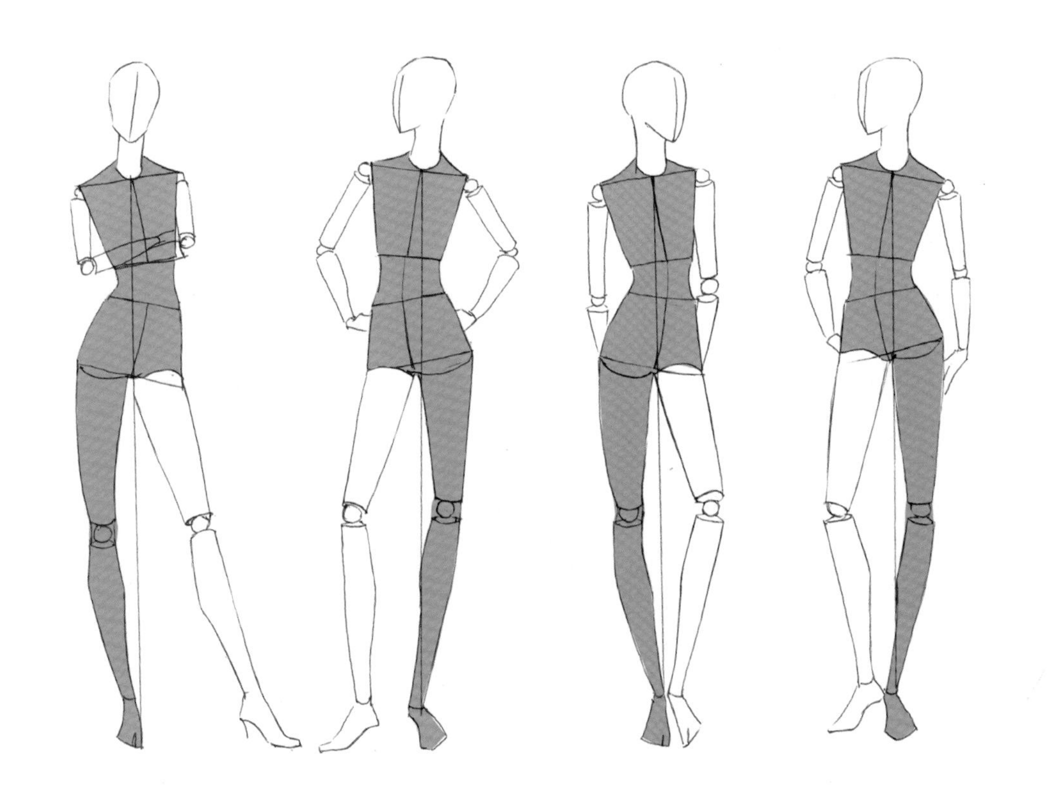

图2-2-11

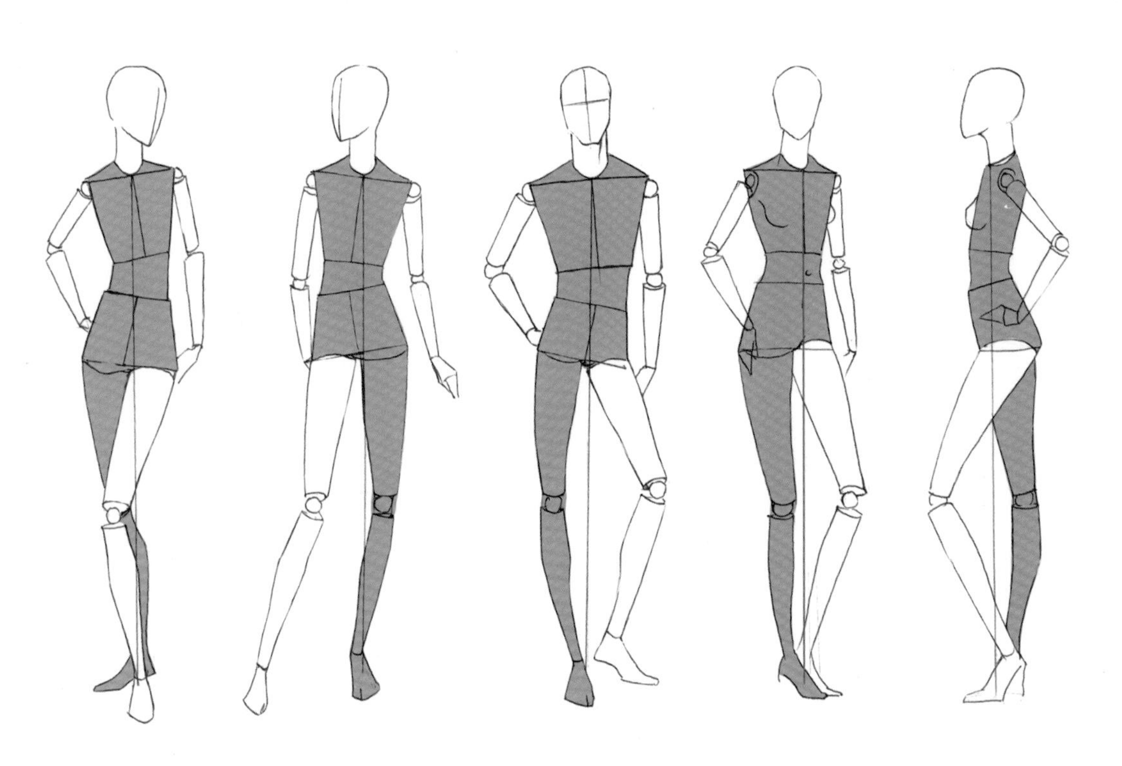

图2-2-12

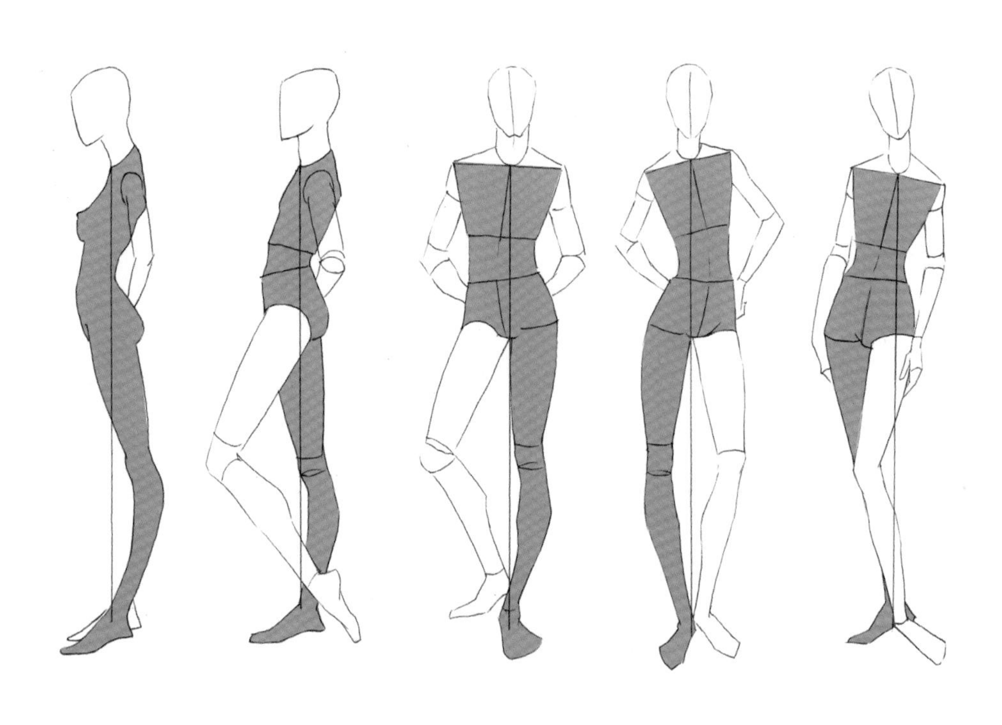

图2-2-13

人体在表现时有正面、3/4侧面、全侧面、背面等类型。人体正面表现时，躯干中线正好在躯干的正中间，乳廓左右也是对称的。3/4侧面人体表现时，人体向左转时躯干中线向左移，左乳廓向外凸出，右乳廓向躯干内移；人体向右转时躯干中线向右移，右乳廓向外凸出，左乳廓向躯干内移；四肢也产生微妙变化。人体的背面非常性感，表现起来要比人体正面难。要画好背部与臀部的变化，表现斜方肌与颈部的穿插关系、肩胛骨的突起、脊柱的走向、臀部“蝴蝶肌”的形状（图2-2-14~图2-2-20）。

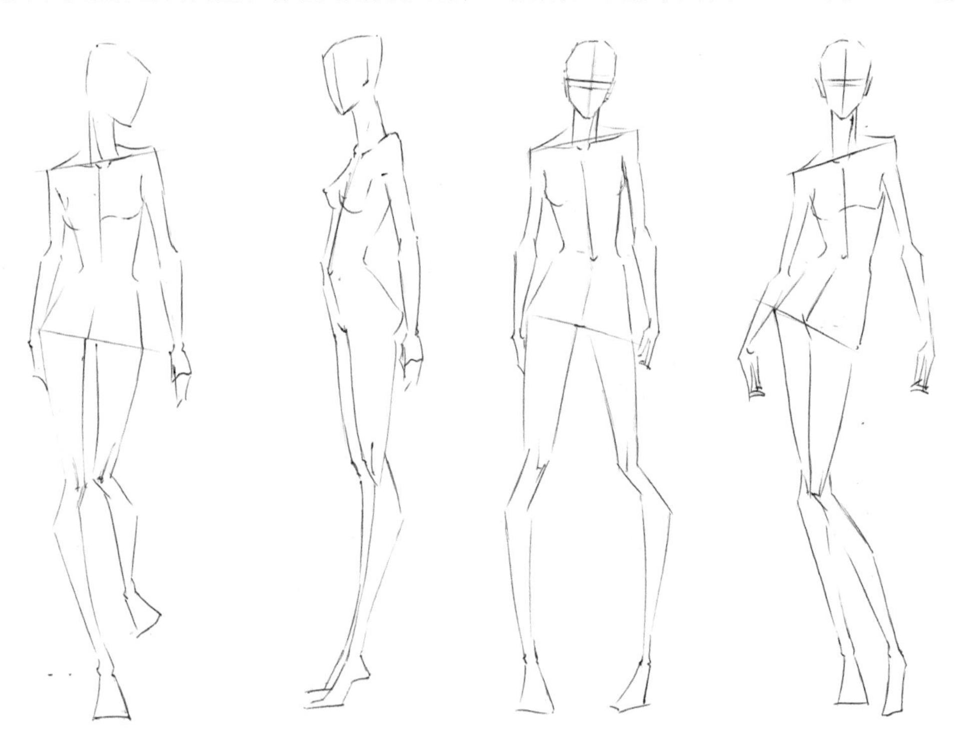

图2-2-14

图2-2-15

图2-2-16

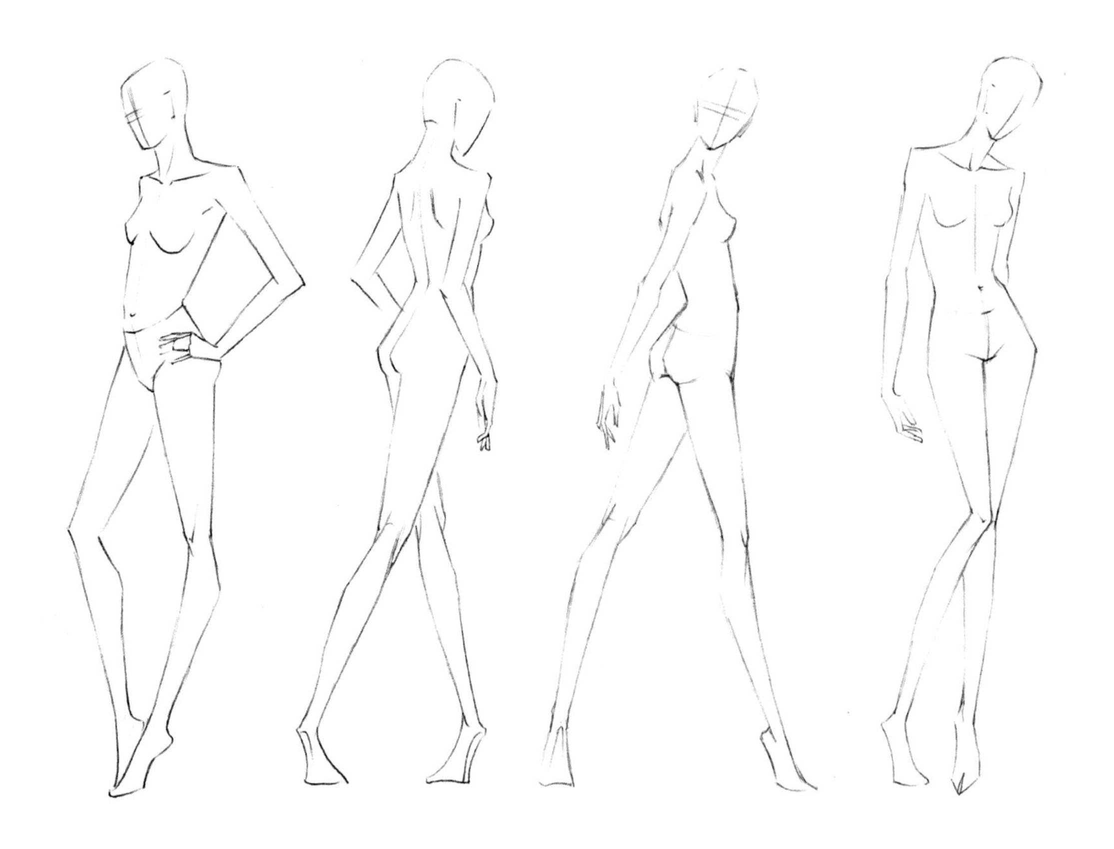

图2-2-17

图2-2-18

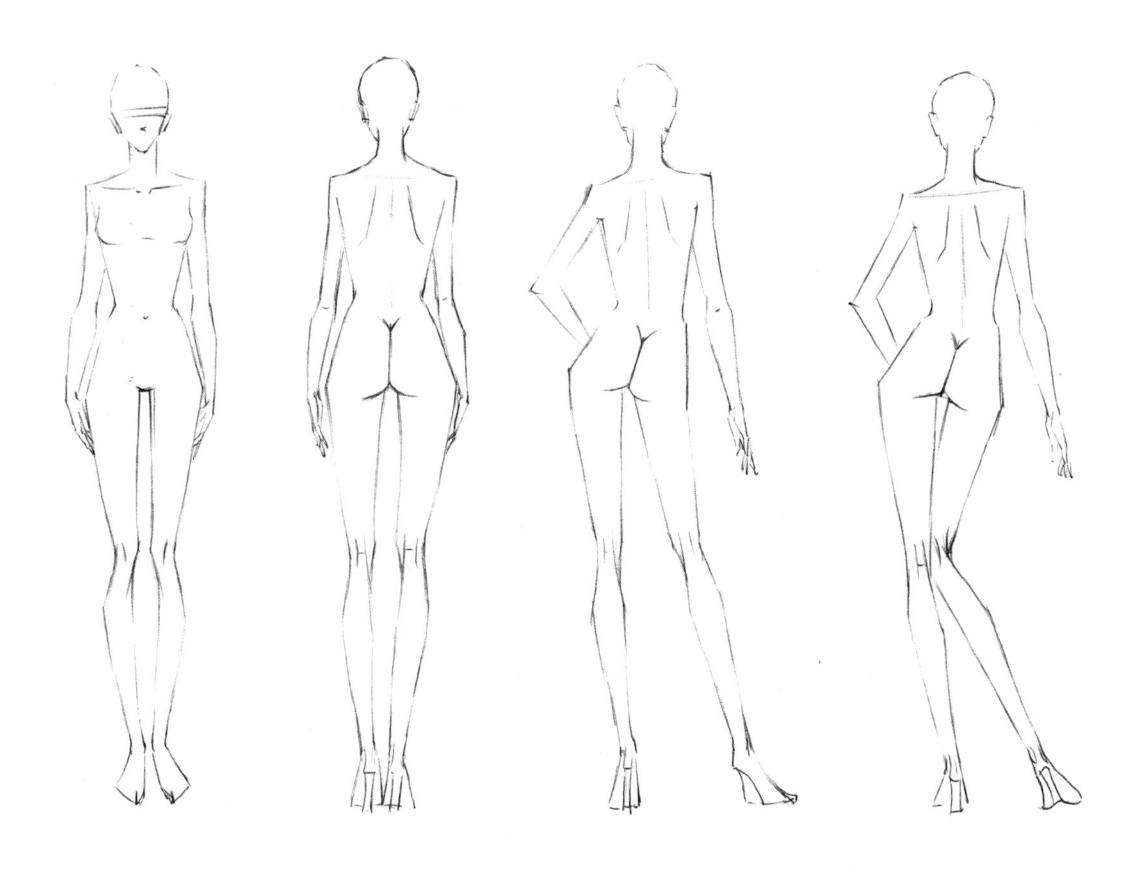

图2-2-19

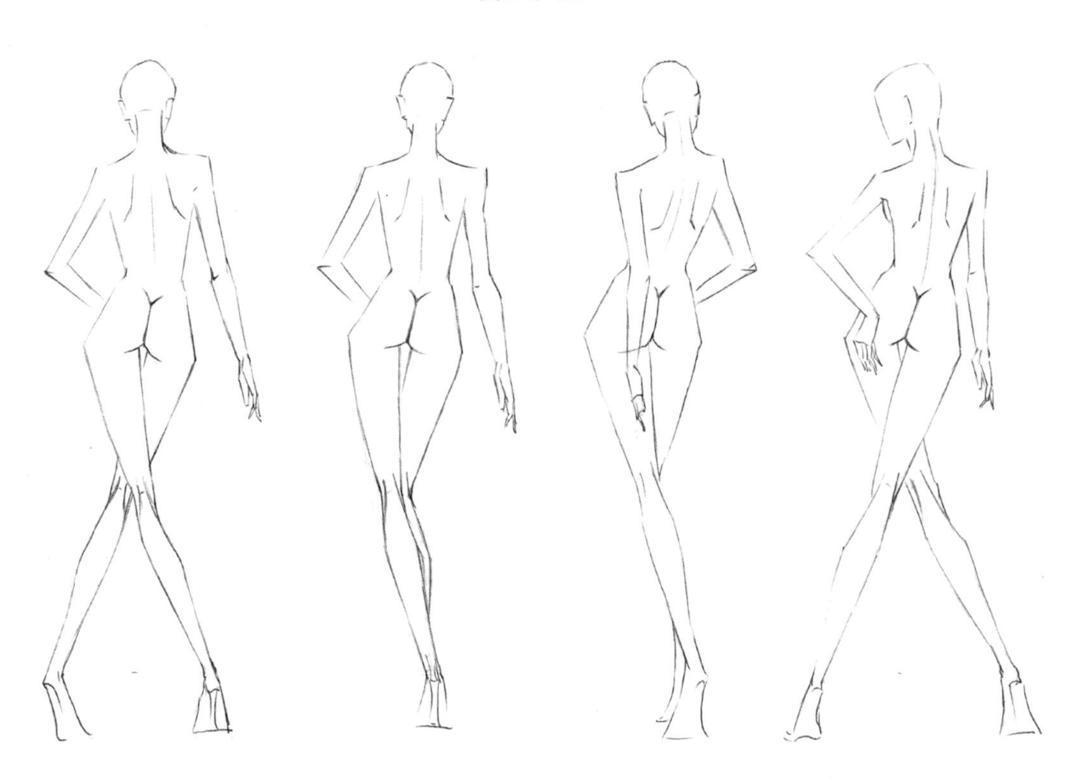

图2-2-20

第三节 服装画人体局部表现

在掌握人体结构、比例及动态后，我们将从局部知识的学习入手，对每一个部位作进一步具体、深入的分析。进行服装画绘制时我们会发现头部、手以及脚这三个部位最具代表性同时难度也最大。另外，它们都是服装画中人体的外露部位，能充分表现人物形象，对服装画艺术风格的形成起着重要的作用。

一、头部表现

1. 五官的分析与表现

（1）眼睛与眉毛

眼睛最能表达人物的内心情感，服装画中的不同风格往往是通过眼睛神态及人物动态的刻意夸张来表现的。女性眼睛的画法：首先画出眼睛的大概轮廓及眉毛的位置，要注意的是眼睛的形状（近似平行四边形），并且后眼角高于前眼角；然后画出双眼皮，同时加深上下眼睑（上眼睑略深于下眼睑），再绘制出眼球，在绘制眼球时要注意上眼睑可盖住眼球的四分之三，下眼睑可盖住眼球的四分之一；最后刻画瞳孔的光感，勾出眼睫毛，注意睫毛方向是由里到外，由粗到细，以及眼影的晕染。

眉分为上、下两列。下列眉呈放射状，内浓外浅。上列眉盖于下列眉之上，其自眉头三分之一处开始生长，走势向下。下列眉刚，上列眉柔。画眉毛时眉头处毛发较稀，根根分明，眉中较为浓密、柔顺，眉梢淡而纤细。在表现不同眼睛方向时，透视变化要准确，眼形和眉形要随着不同的角度而改变（图2–3–1）。

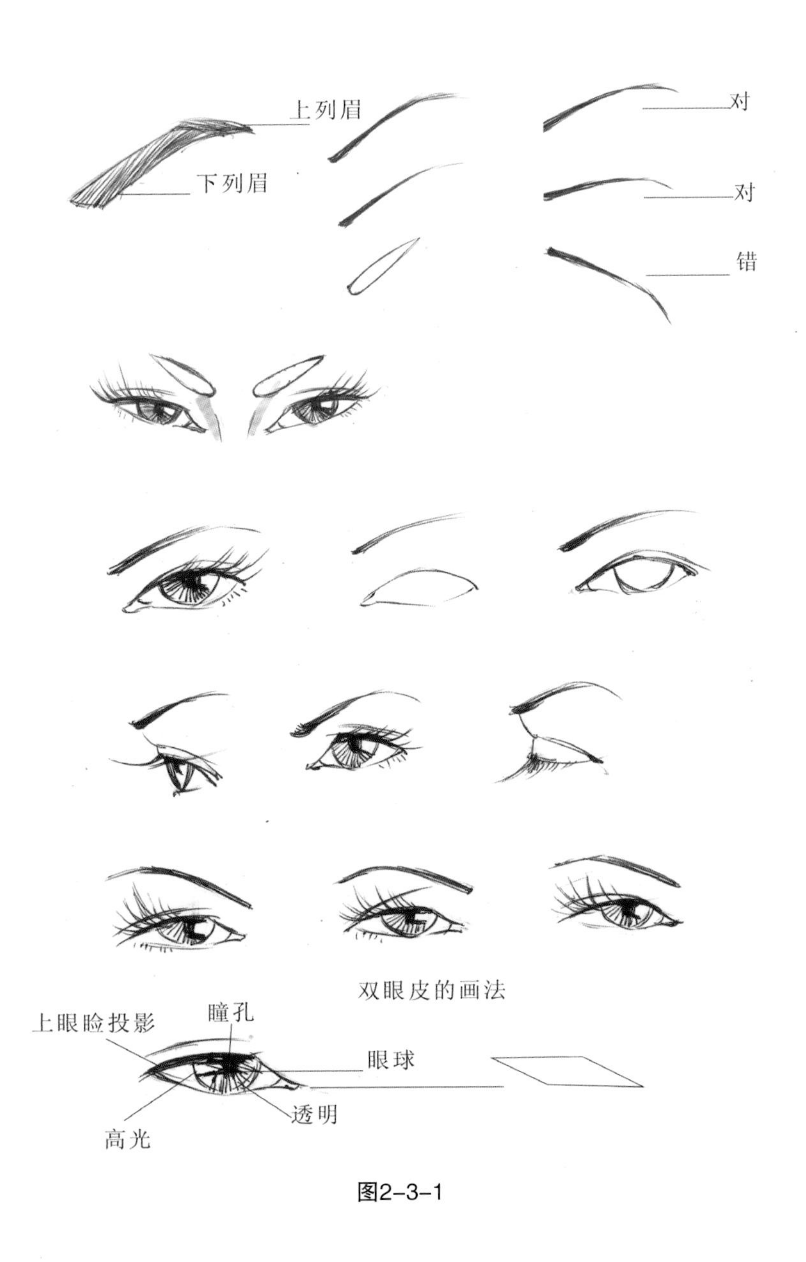

图2–3–1

（2）嘴

下嘴唇比上嘴唇厚且明亮。从侧面观察，上嘴唇比下嘴唇突出。女性的嘴唇比男性的厚且短，在表现女性模特时嘴唇要丰厚、性感（图2–3–2）。

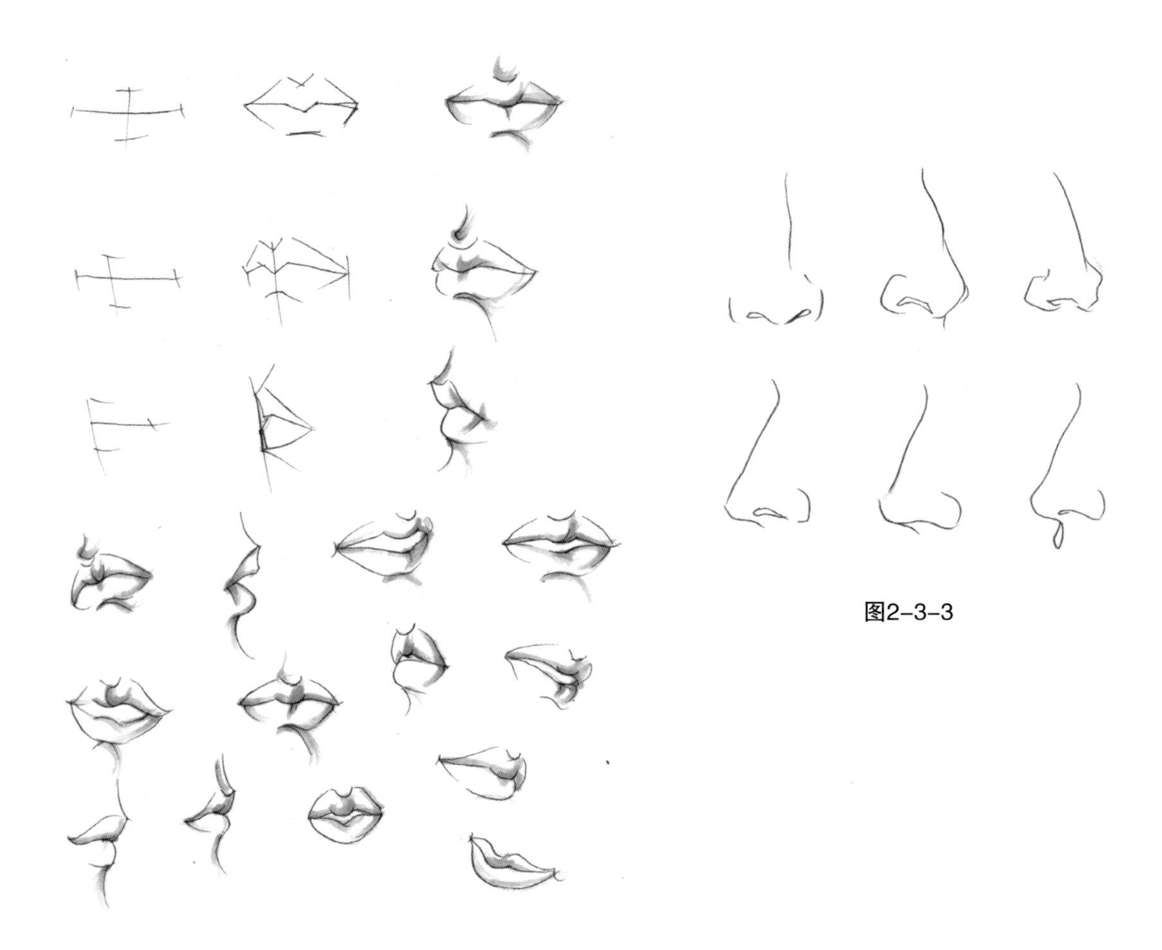

图2-3-3

图2-3-2

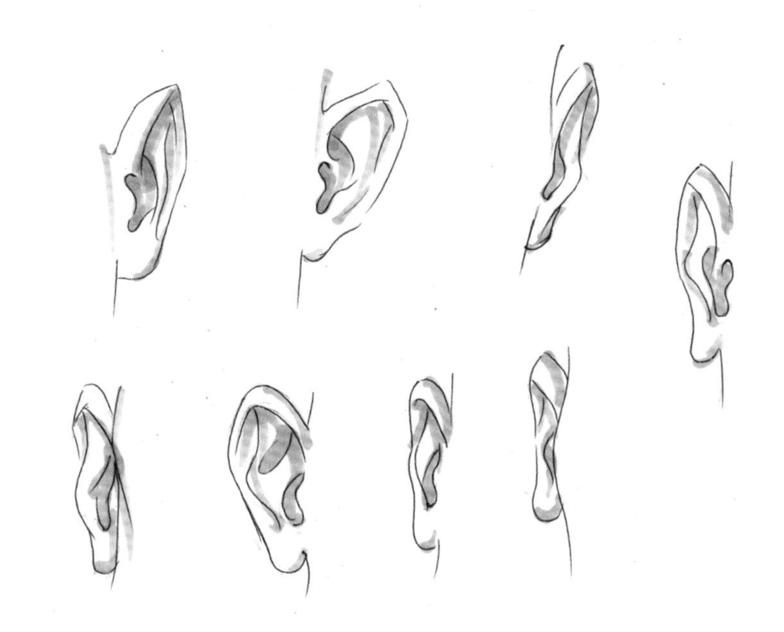

图2-3-4

（3）鼻

服装画中人物的鼻子，正面可以简化，只要交代位置即可，只需要简略地勾出鼻梁及鼻孔的位置和影调，省略鼻翼结构，这样的鼻子在绘制时既好控制又显得秀气（图2-3-3）。

（4）耳

服装画表现中，耳朵通常会被弱化处理或者被头发所遮盖，如要表现主要把握好耳朵在不同角度中的位置及造型变化即可（图2-3-4）。

2. 整体五官与发型

（1）整体五官

绘制头部整体五官时首先要掌握“三停五眼”（图2-3-5）。“三停”的含义为，从发际线至眉线为上停，从眉线至鼻底线为中停，从鼻底线至下颚底线为下停。这三个部分一般情况下长度是相等的。“五眼”指从两耳内侧至眼角连线上分为五等分，因等分线的长度与眼睛的长度相等，因此它们被称为“五眼”。在服装画绘制时人的头部要进行夸张处理，如为了使女性更美，眼睛在原来的基础上向外夸张。表现整体五官要注意透视关系及风格搭配的协调。不同的角度各五官及脸部的透视变化要一致，不同表情脸的特点、风格表现需要平时对人物面部进行细心观察。

不同人种的五官和脸型的特点是不一样的。西方人的脸部轮廓较为立体，颧骨较高，眼窝较深，鼻梁较高，有一种雕塑般的美感。东方人的脸部较宽平，鼻梁低，眼皮较厚，单眼皮较多，具有亲切的感觉。

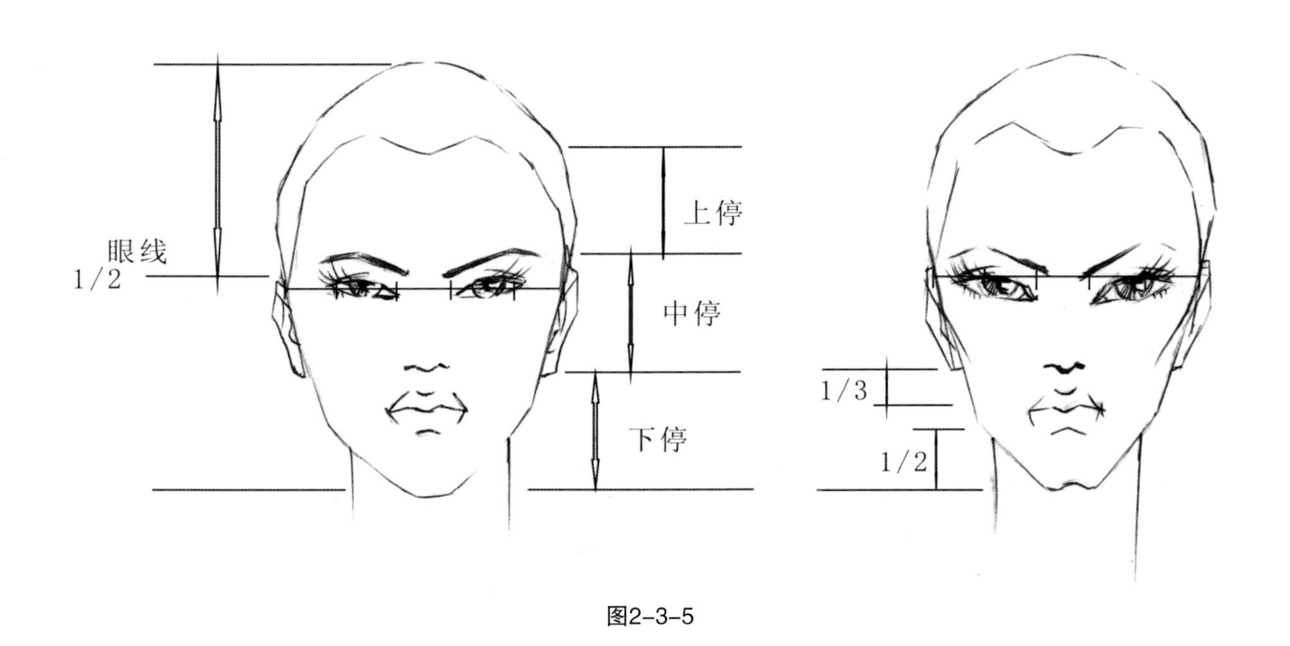

图2-3-5

（2）发型

发型是服装画中人物表现的一个重要环节。不同的服装风格，发型各异。发型的种类有长发、短发、直发、卷发、盘发。由于头发千丝万缕、柔韧多变，画头发时要抓住发型的特征，用分组归纳分缕的方法进行表现。画长直发型时要注意整体外形的流畅，亮部线条稀，暗部线条密，靠近耳朵的内侧头发较密集，再略画几缕飘逸的发丝穿插其中。画卷发时要注意线条的灵动变化，画出头发的蓬松和体积感。男性头发用线根据头发的结构走，同样亮部线条稀，暗部线条密，短而有力度（图2-3-6~图2-3-9）。

图2-3-6

图2-3-7

图2-3-8

图2-3-9

3. 头部整体造型设计

人物头部的整体造型设计包括妆容设计、发型设计及饰品设计。生动的人物形象能对整体服装造型起到画龙点睛的作用，极大地增强服装画的艺术氛围。人物的气质形象变化多样，有浪漫、温和的淑女形象，有高贵大方或神秘妩媚的贵妇形象，有性感慵懒的少妇形象，还有稚气未脱、天真烂漫的少女形象。人物形象的塑造离不开人物表情神态的刻画，不同神态的表情能使人物的气质、性格更加鲜明（图2-3-10、图2-3-11）。

图2-3-10

图2-3-11

二、手及手臂表现

1. 手的表现

手在服装画中的表现是比较难的，一般对于初学者来说，建议记住一些常用手的画法或者设计一些能挡住手的姿态。

手由手腕、手掌和手指组成（图2–3–12）。掌骨有五根，其形呈弓状；指骨有三节，靠近掌骨的一节最长。手的长度接近头长，指长为手长的一半，即手指与手掌的长度相同。手背基部高于指端，手背隆起，掌心凹陷，手腕、掌、指依次呈阶梯状。在绘制手时，把手分为手掌和手指两部分，先画出手势的基本形态，再画出最突出的手指和其他手指（图2–3–13）。

服装画中，女性的手纤细而优雅，骨骼较小，手指修长，是在正常手的基础上经过适当夸张而完成的。男性的手比女性方且硬，骨骼较明显，手指也较粗，没有女性的手修长。

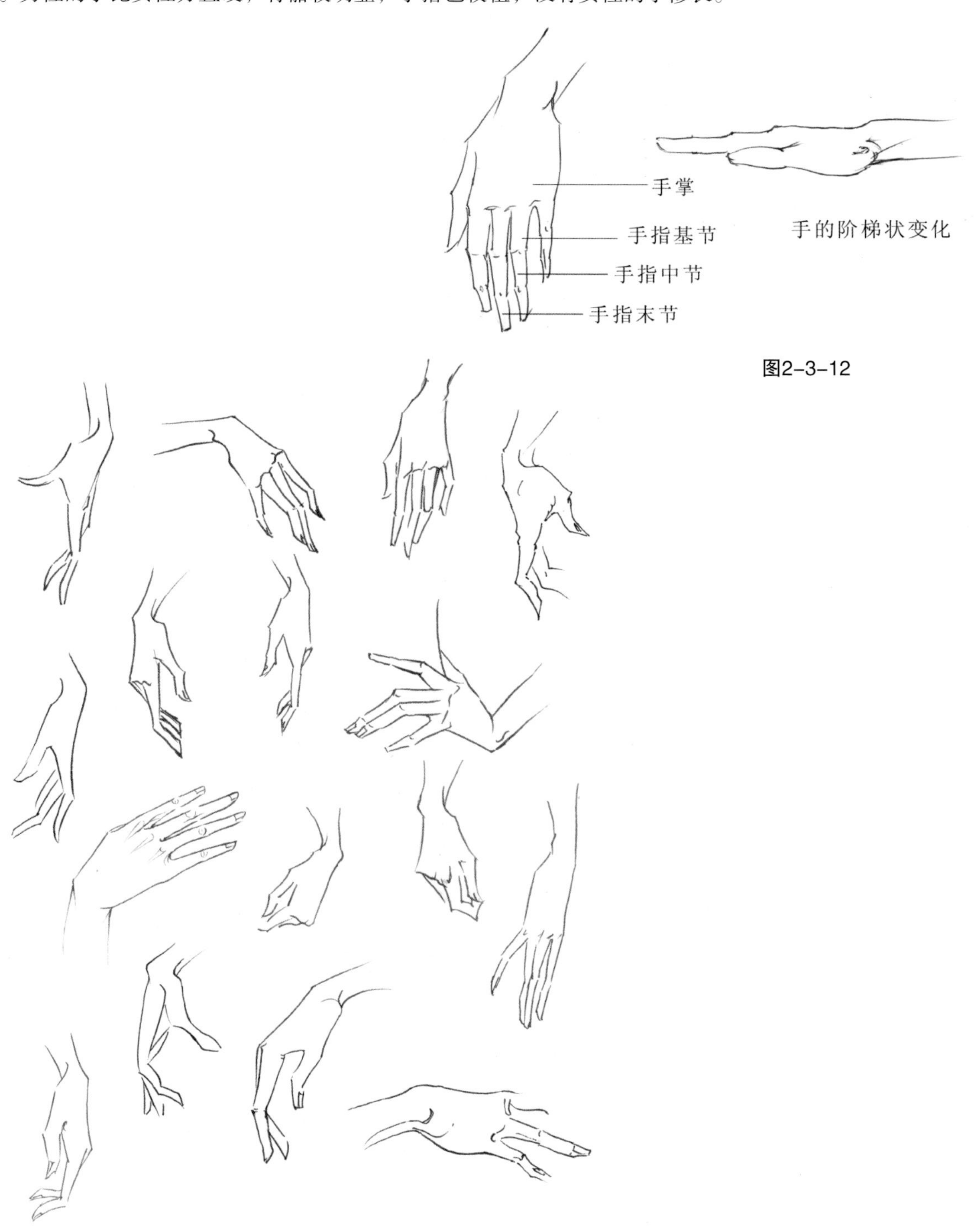

图2–3–12

图2–3–13

2. 手臂的表现

手臂由上臂、下臂及手腕组成。画手臂时要注意上下手臂的比例关系，下臂略长于上臂；手腕的表现要自然有力度，它是手部方向的向导；在表现女性手臂时要弱化其肌肉结构，要表现修长，线条略带肌肉的轻微起伏，肩头要方，有骨感（图2-3-14、图2-3-15）。

图2-3-14

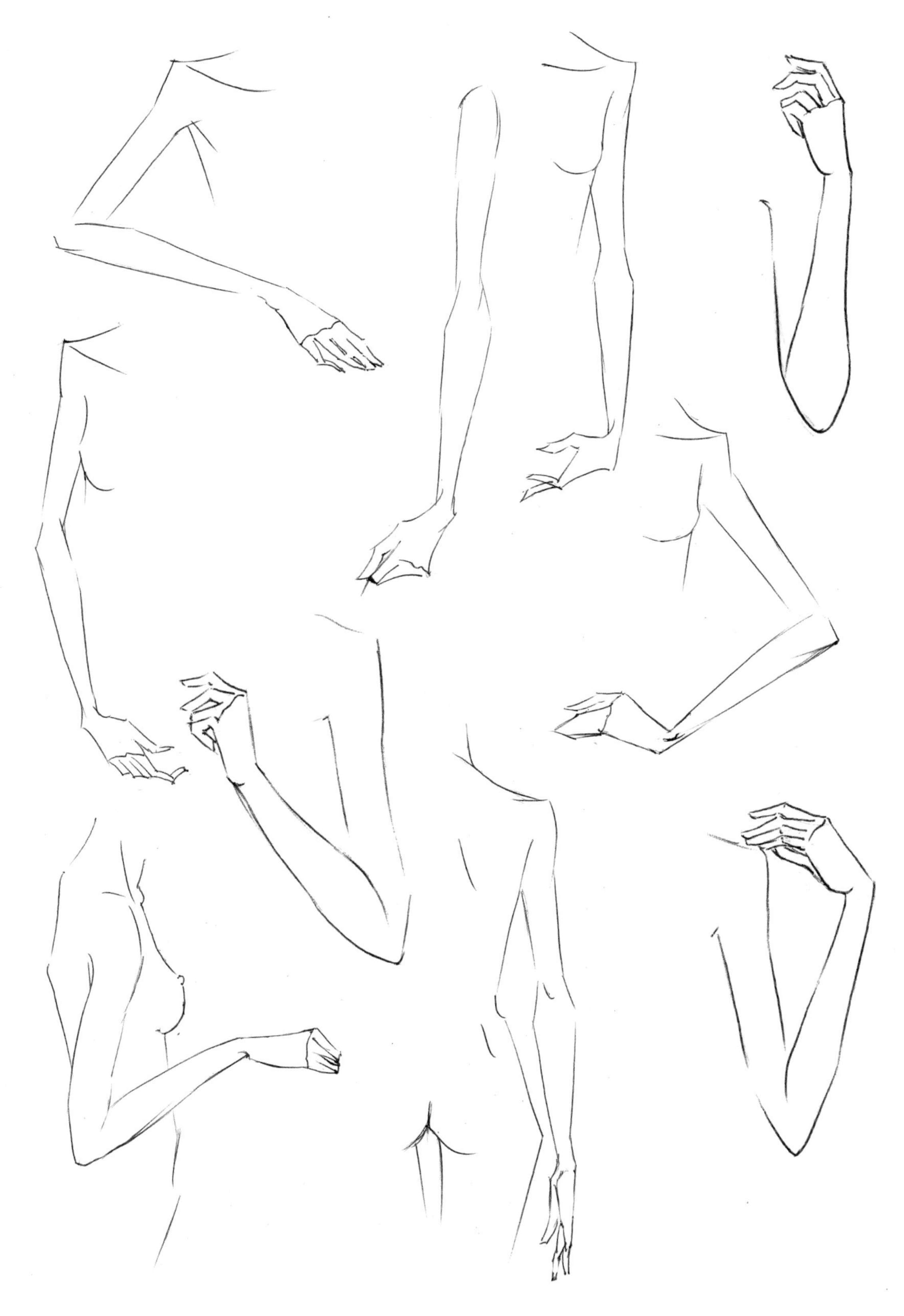

图2-3-15

三、脚及腿表现

1. 脚的表现

绘制脚时，在长度上比实际加长，长度接近头的长度。在表现女性脚时，脚形应该优美，脚踝柔韧。脚的结构由脚趾、脚掌及脚跟构成。正面绘制时用大的几何形态概括，舍去细小的结构变化，力求简洁，但要注意大体形状的准确性以及脚踝、脚跟及脚趾等部位的关系，还要注意内踝略高于外踝。在服装画表现中，脚往往以鞋的造型体现出来，高跟鞋能很好地表现出女性脚的线条美感及小腿挺拔的形态（图2-3-16~图2-3-18）。

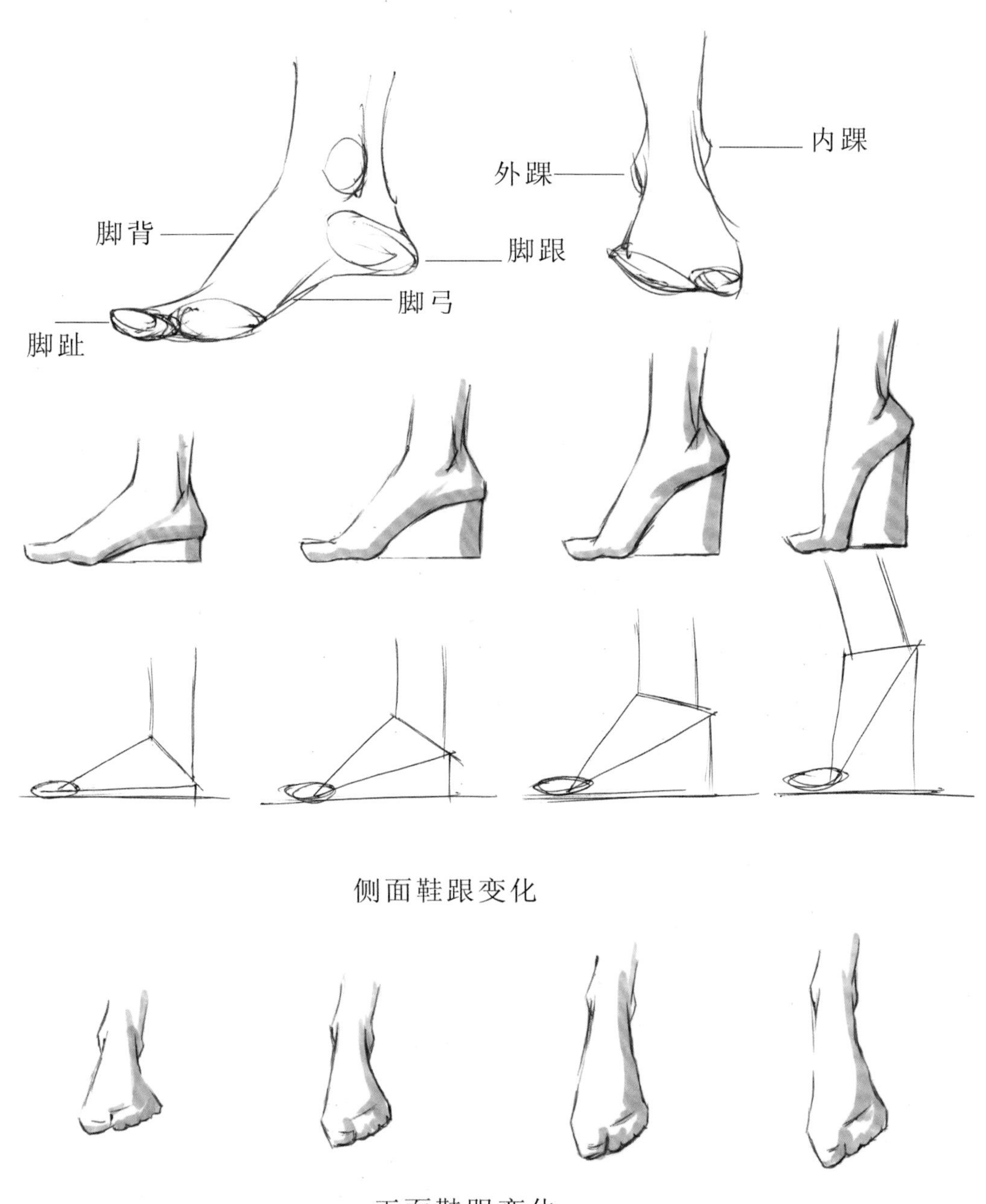

图2-3-16

图2-3-17

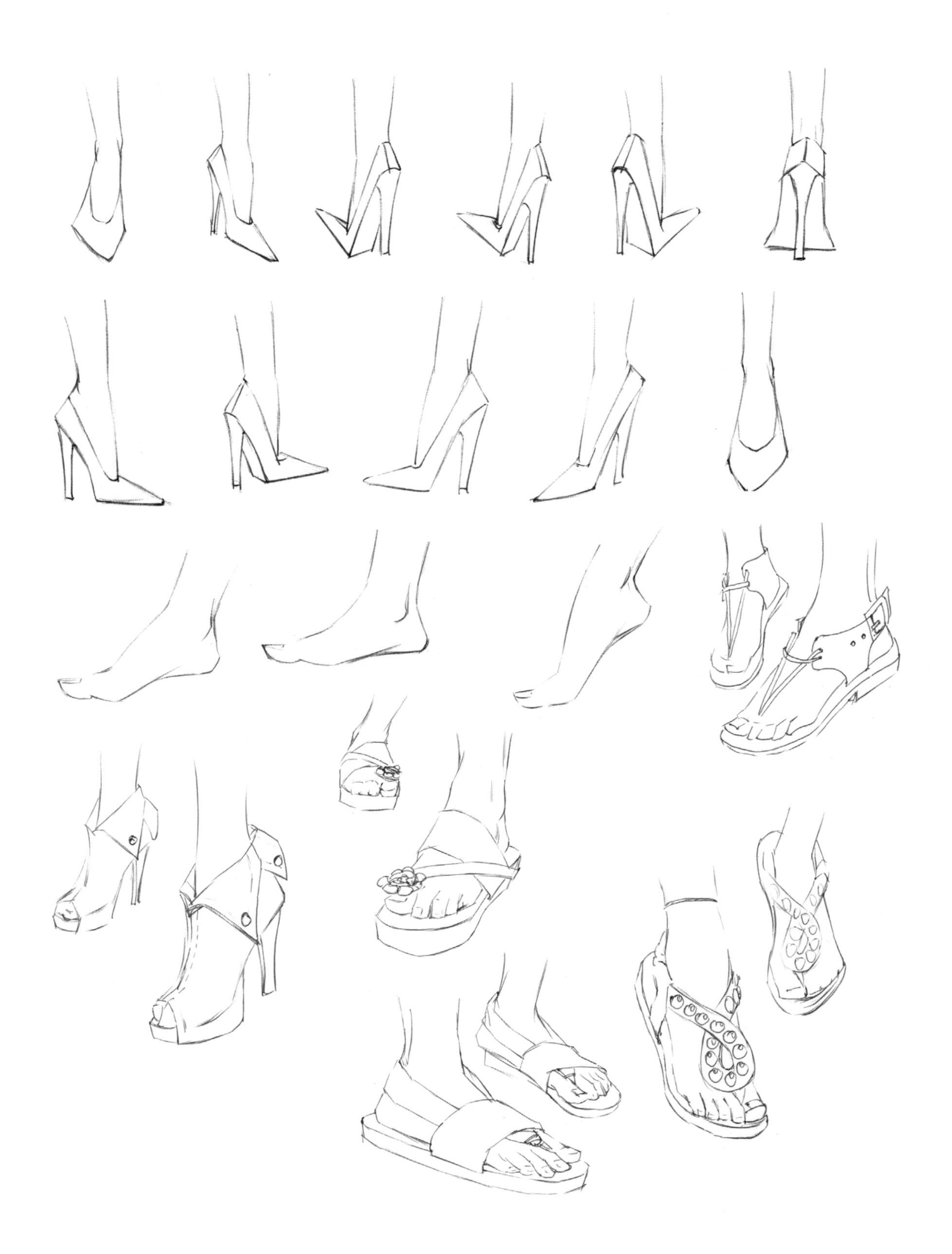

图2-3-18

2. 腿的表现

腿由大腿、小腿及膝盖组成，绘制时要注意腿部的肌肉及结构走向。腿的姿态表现往往是与人体动态紧密联系在一起的，为了使人体显得修长，往往拉长腿部，特别是小腿的长度，但注意夸张适度（图2-3-19、图2-3-20）。

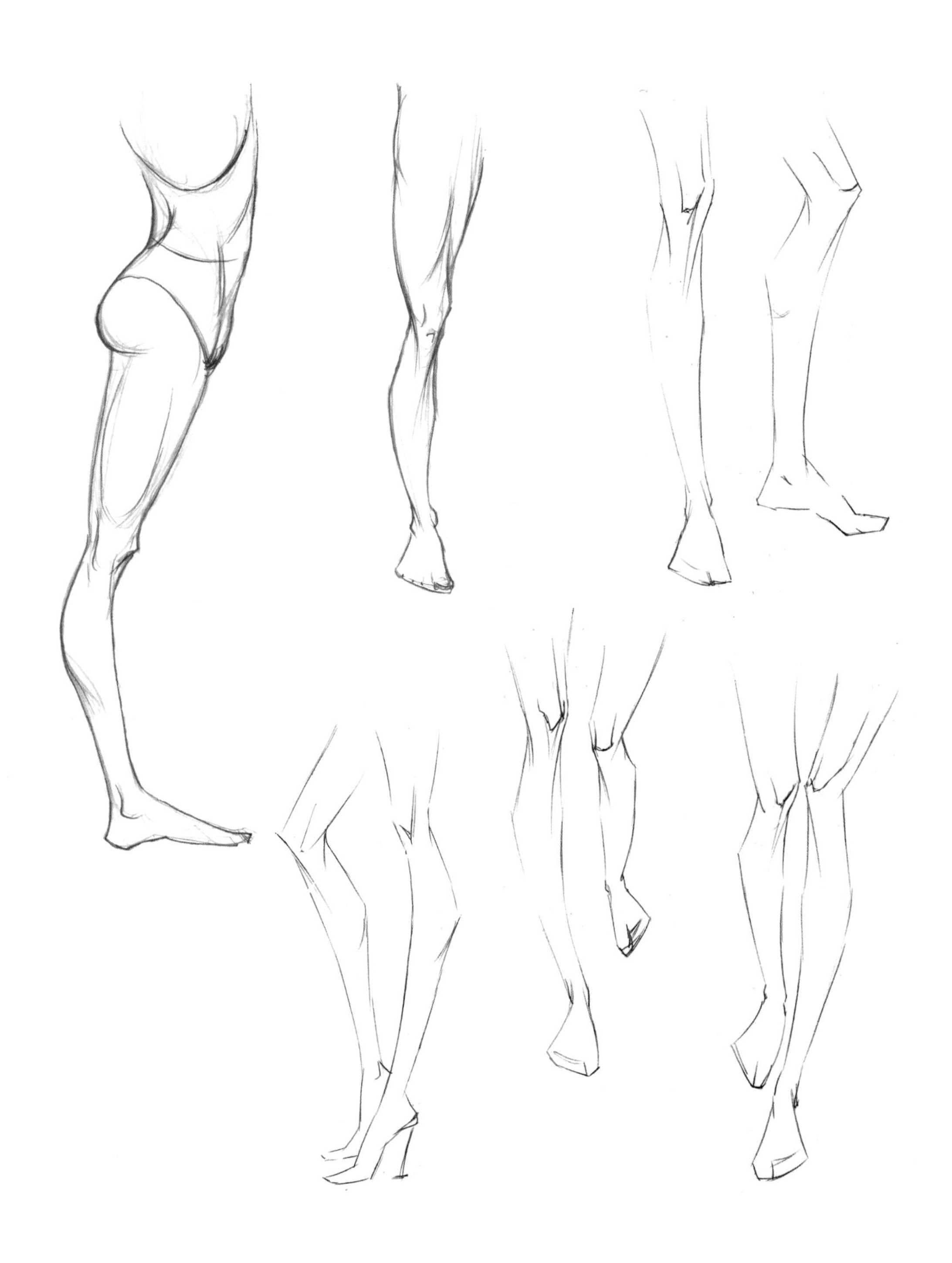

图2-3-19

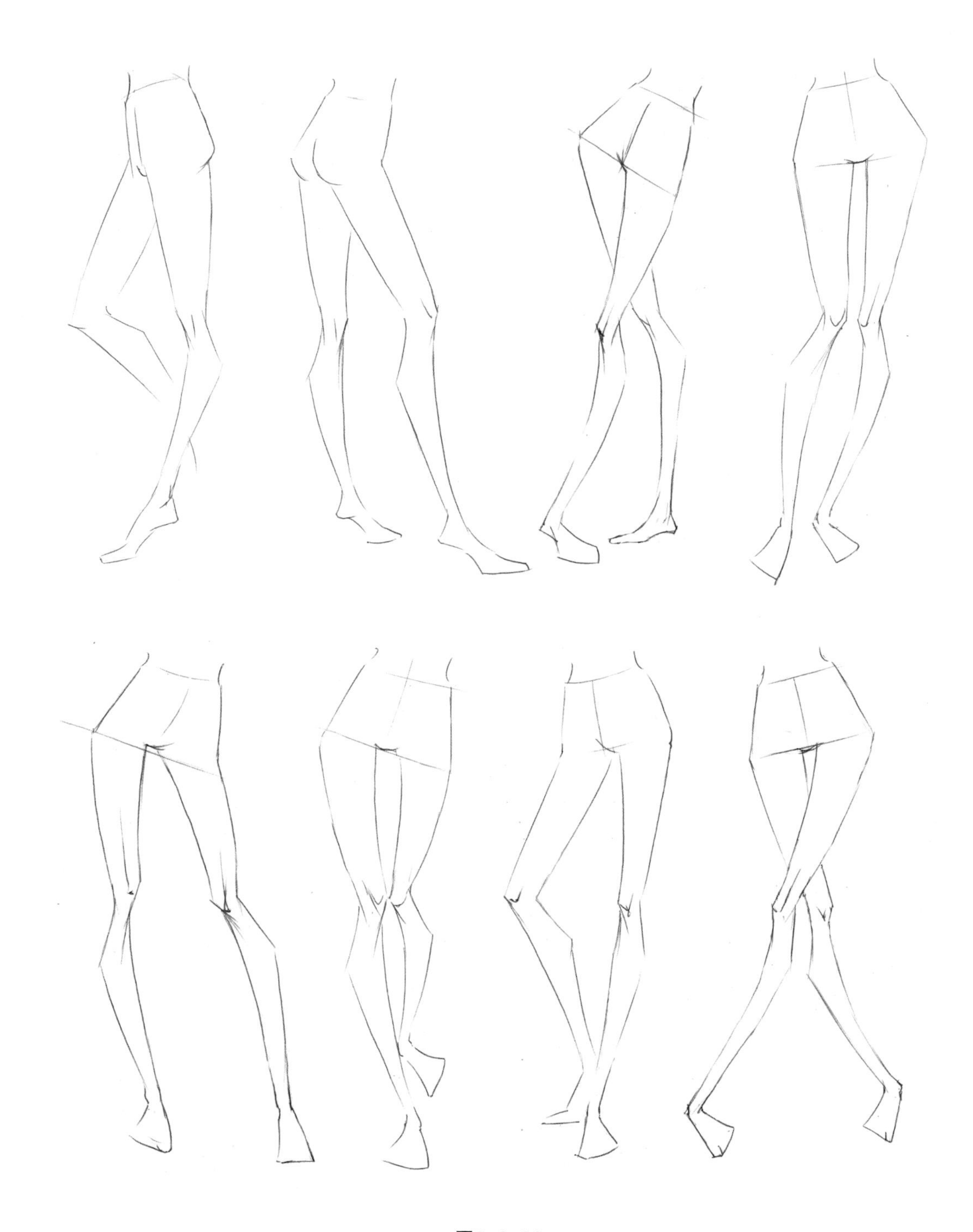

图2-3-20

课后建议练习

1. 绘制女性人体10个，男性人体5个（8开）。
2. 绘制头部线稿10个，头部着色稿10个。
3. 绘制不同姿态手、脚各10个。

第三章　着装人体表现

教学目标：通过理论讲解与训练，使学生掌握款式及着装效果的表达，为后期服装画着色表现打下基础。

教学要求：1. 让学生了解服装款式中各种衣褶的表现，以及人体的姿态变化对着装效果产生的影响等。

2. 收集着装及服装款式相关图片资料。

3. 准备线描稿绘制相关工具。

教学重点：服装和人体的关系。

教学难点：绘制因人体姿态的变化及不同款式服装穿着后产生的衣纹、衣褶。

第一节 服装款式表现

着装表现是指把设计好的款式穿着在人体上展示其穿着效果，因此，着装表现是服装画技法中一项比较难的内容。要掌握好着装表现，首先要掌握好各种款式的表达。在款式表达中衣纹、衣褶表现最难，因此，需要掌握一定的方法与技巧并多加练习。

一、各种衣纹、衣褶的表现

着装人体一般会产生两类衣纹。一类是服装款式固有的衣纹，如省道、捏褶、荷叶边等，这种衣纹通常较为稳定。另一类是由人体动作而产生的衣纹，这类衣纹不太稳定。在着装表现中我们先掌握款式固有衣纹的画法。

二、各种不同款式的表现

图3-1-1~图3-1-6为各种不同款式的表现。

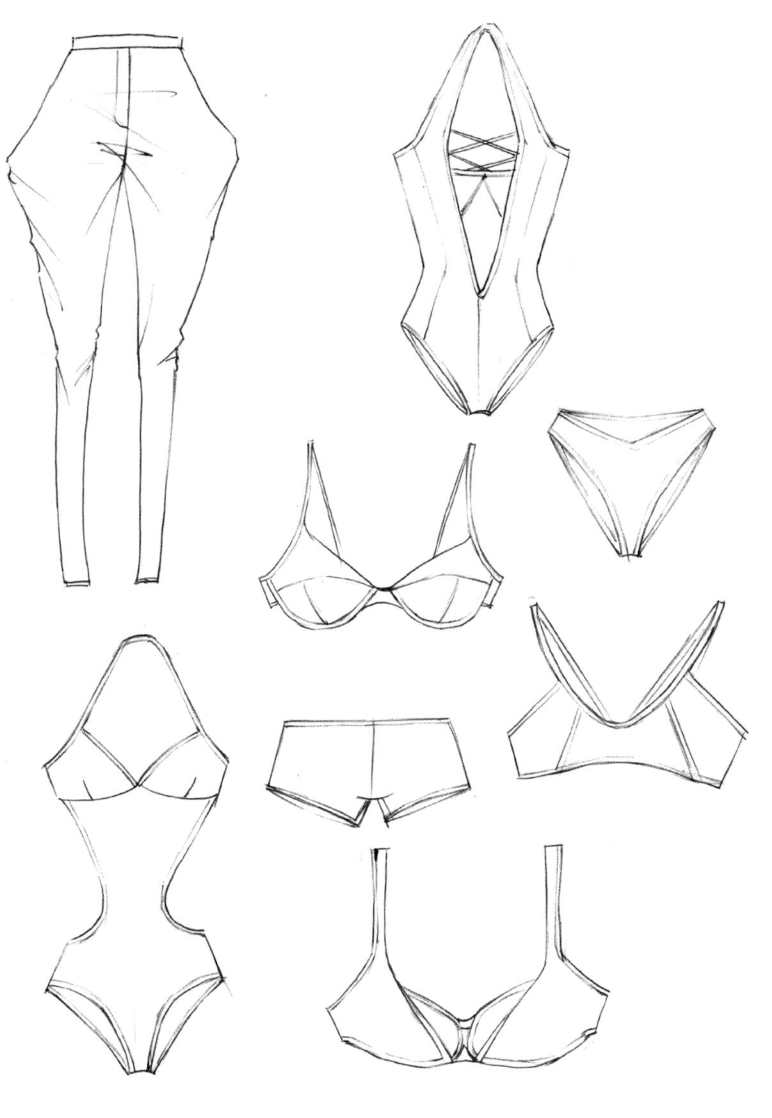

图3-1-1

图3-1-2

图3-1-3

图3-1-4

图3-1-5

图3-1-6

第二节 服装和人体的关系

要表现好着装图，必需掌握人体设计、服装款式表达、服装与人体的穿着关系、穿着后衣纹衣褶的合理处理等。服装与人体的关系其实就是离与合的关系，服装紧身或贴合人体时就是合的关系，衣纹走向与人体结构一致，宽松时就是离的关系。

一、衣纹表现

绘制衣纹要符合衣纹的生成规律，但不是说要完全与现实中的褶皱一样，而是符合衣纹的生成规律，画面透视逼真，能体现衣服的质感、厚度，反映人体的结构与动态。

由于人体姿态变化、人体结构及地心引力等所产生的衣纹表现如表3-2-1所示。

表3-2-1

名称	作用力	解释	出现的部位
拉纹	拉力	主要由一点发射力产生，纹路数会形成夹角	腋下（手臂抬起），大腿，胯下，裆下
挤压纹	挤压力	堆挤造成，大多是弹簧形状	领部，腰间，肋骨，膝关节
垂纹	垂力	由面料本身重力或裁剪手法形成的一种较为平行的纹路	大摆裙，波浪裙，宽松服饰
肌理纹	无	面料加工产生自带的一种纹路	面料自身表面

（1）衣服在受到挤压的地方形成的衣纹是最多的，线条近似平行。

（2）受到拉伸紧贴肢体的地方，衣纹线条呈放射状。

（3）衣服宽松、质地柔软的衣纹较多，较硬、贴身的衣服褶皱较少，较薄的面料比较厚的面料形成的衣纹更加细碎。

二、着装基本技巧与步骤

在表现着装时先表现服装固有衣纹，它们有较明确的形和方向。表现这类衣纹时，要先抓住其大形和方向，再描绘由人体动作而产生的衣纹。为了便于运动，衣服通常要有一定的放松量，人体在运动时，这些多余的量被人体拉扯或挤压到某一部位而产生衣纹。这类衣纹不太稳定，通常因人体动作的变化而变化。这类衣纹还因服装面料质感的不同，在服装表面产生不同的衣纹效果。人体局部的形和透视，是我们表现衣纹的基础。表现具体的衣纹要注意每一条衣纹的方向和起止点，它有助于反映服装内部的人体结构。要根据人体结构和服装的形式，处理衣纹的疏密关系。衣纹疏密关系的处理方法是，保存主要具有美感的衣纹，去掉杂乱且对反映服装特点和人体形和结构作用不大的衣纹。

衣纹在人体上的分布位置主要有腋下周围 、腰部、膝后部、大腿根部、肘窝等。

1. 设计并绘制将要着装的服装款式图，在绘制时注意款式图各种比例的准确性。

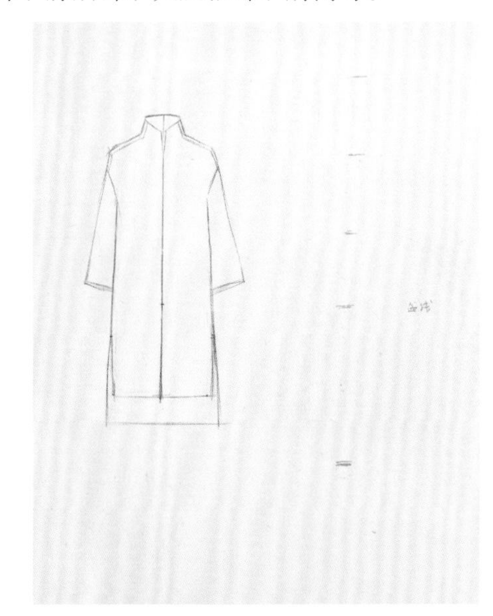

2. 确定好将要绘制人体的各种比例：头顶、脚踝的位置（上留少下留多，下面注意留出脚的位置）；头顶与脚踝的 1/2 处确定耻骨（盆线）的位置；头顶与耻骨的位置分成四等份为躯干的长度，在耻骨与脚踝之间确定 1/2 处为膝关节的位置。（膝关节可以稍稍上移。）

3. 在第二头的 1/2 处绘制肩线，在第四头的位置（耻骨位置）画出盆线。注意肩线与盆线不是简单的线，要根据设计的人体动态对肩线与横线进行倾斜，然后再绘制四肢的动态线。在绘制四肢动态线时注意支撑腿的脚踝要靠近人体重心线。

4. 在人体动态线的基础上绘制头、肩、腰、臂的宽度，以及大腿、小腿及手臂的宽度，然后再加入肌肉及人体结构绘制大致的人体细节。

5. 在人体基础上绘制服装款式。在绘制时注意服装款式要与人体动作相匹配，服装线条与人体线条之间的距离要根据服装款式宽松程度进行变化。如肩部与盆骨的位置要贴合人体，其他部分略显宽松，留出更多的空间，使服装产生立体感。门襟要根据人体的体转运动进行相应的移动。

6. 用橡皮擦去服装对人体遮挡部分。

7. 加入人体结构、动态、地心引力所产生的衣纹、衣褶，如腋下和裙摆等。在绘制衣纹、衣褶时要注意与人体动态相匹配，走向要与人体动态走向一致。

8. 绘制人体的头部细节，如：五官、发型以及四肢细节等。最后用圆珠笔或者针管笔给它进行定型，写好工艺细节说明，再用橡皮擦去多余的铅笔线条。

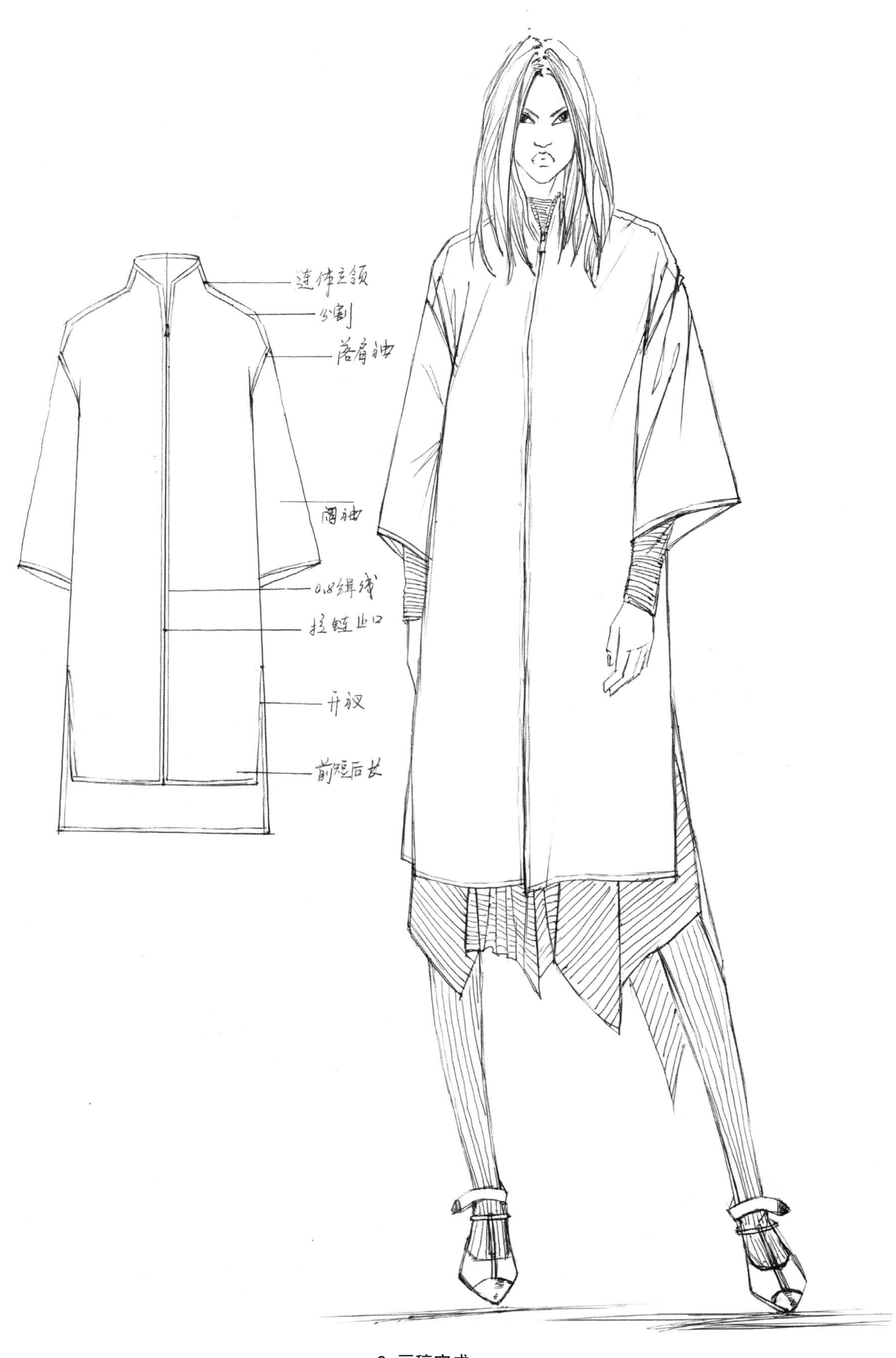

9. 画稿完成。

三、范例展示

图3-2-1~图3-2-4为范例展示。

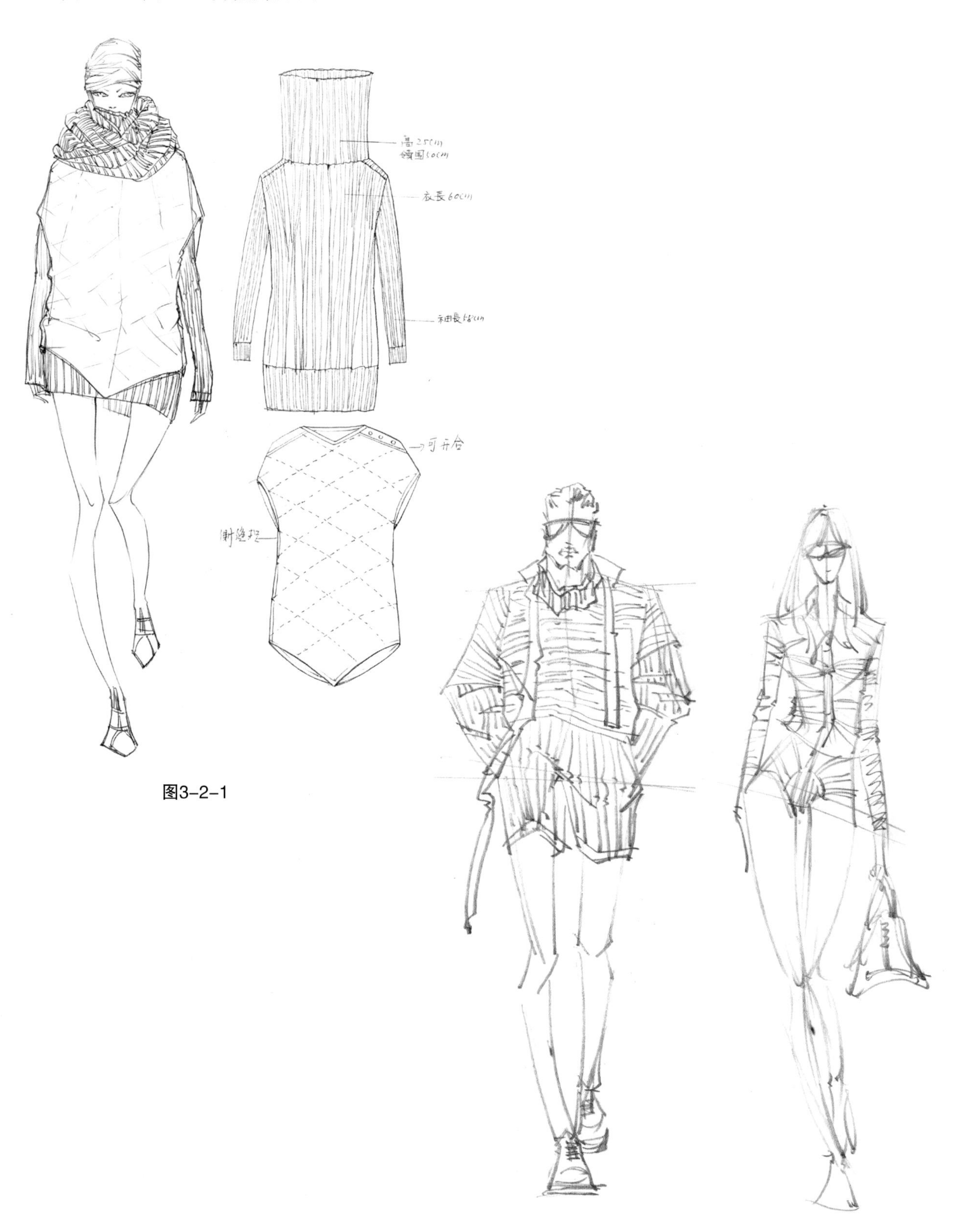

图3-2-1

图3-2-2

图3-2-3

图3-2-4

第三节 服装局部表现

不同形式服装的表现方法和步骤基本相同，差别主要体现在款式结构和细节上。无论是何种款式，表现时都应先考虑服装款式与人体的关系、大形和大的比例关系，再画细节（图3–3–1~图3–3–9）。

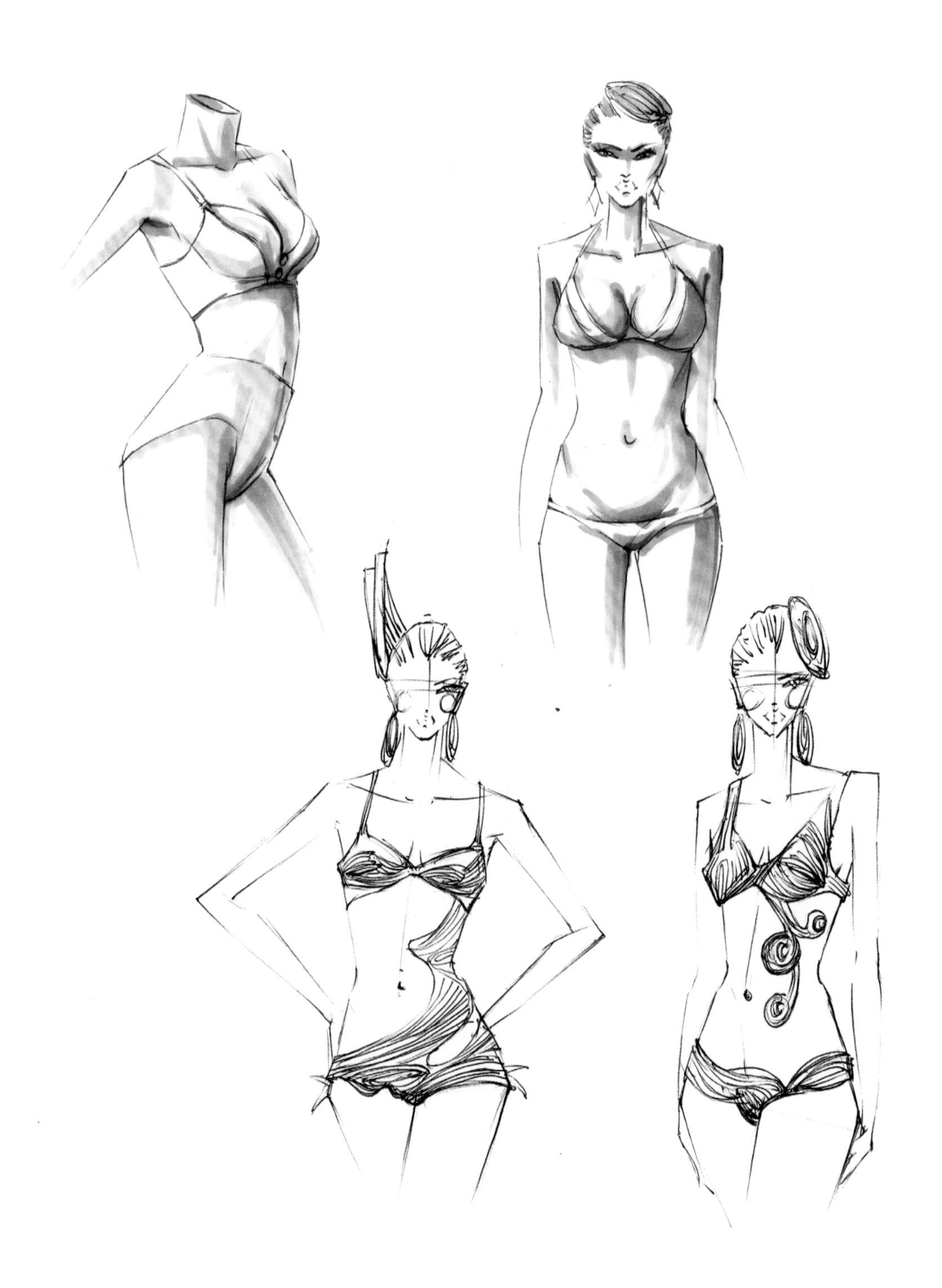

图3–3–1

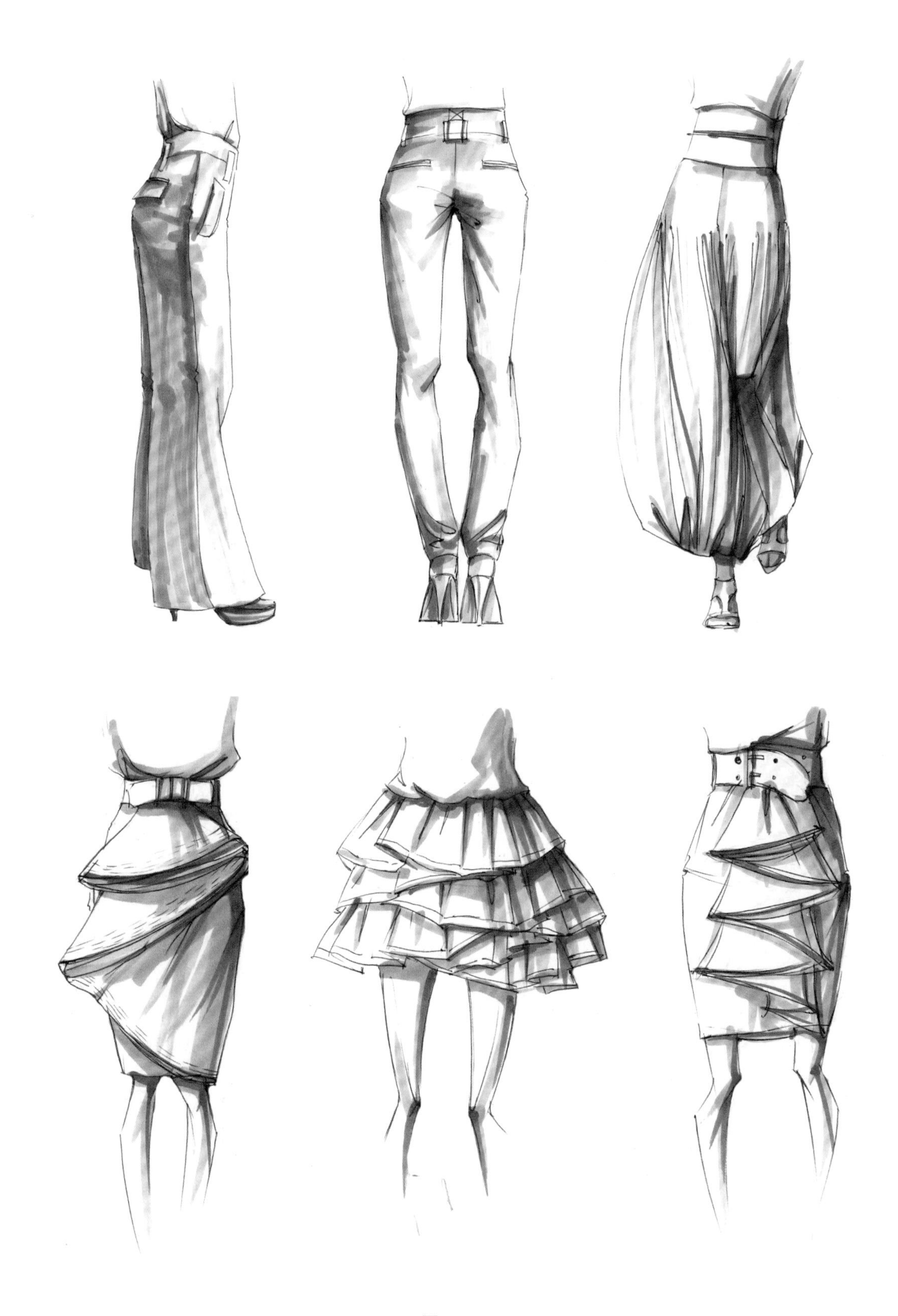

图3-3-2

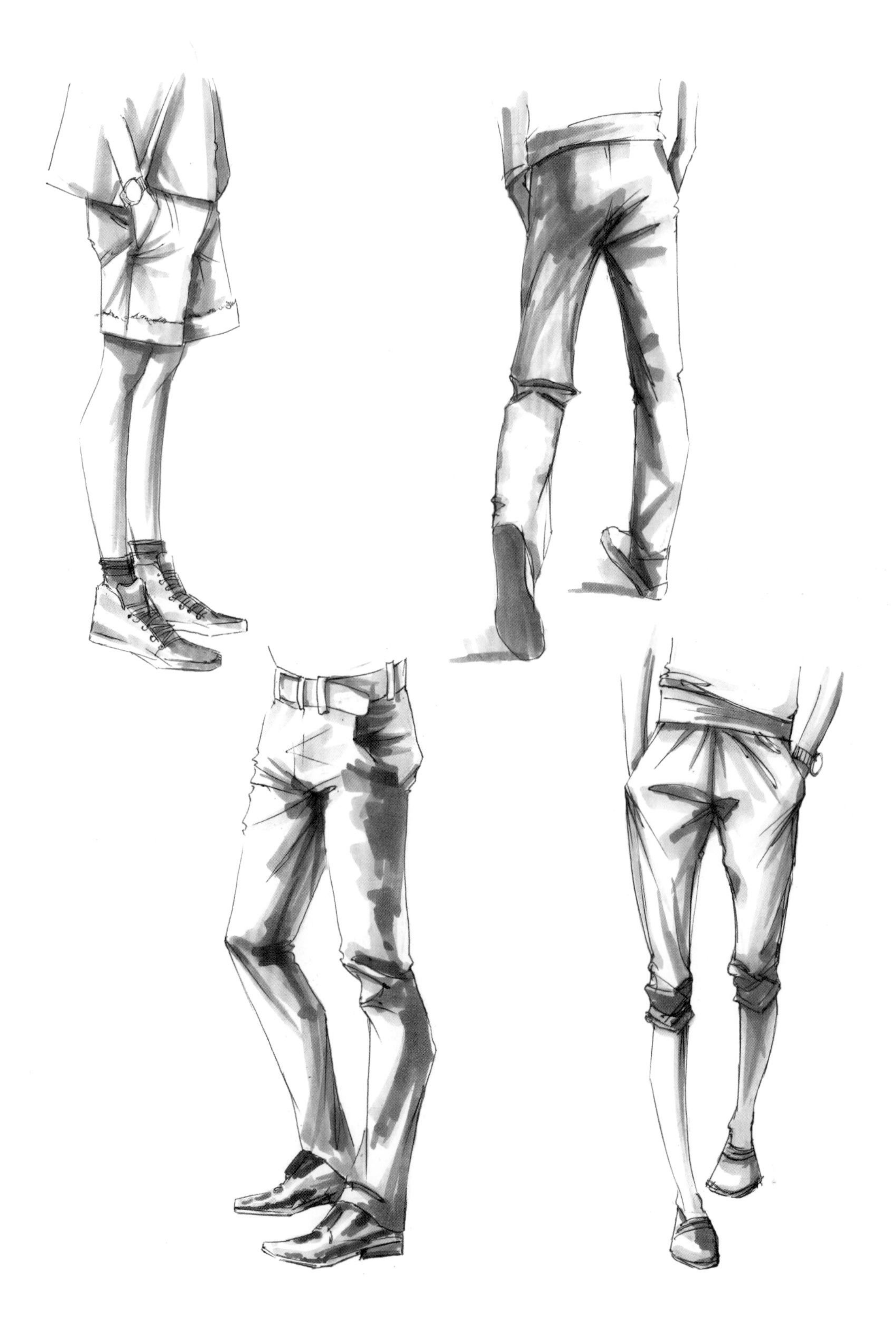

图3-3-3

图3-3-4

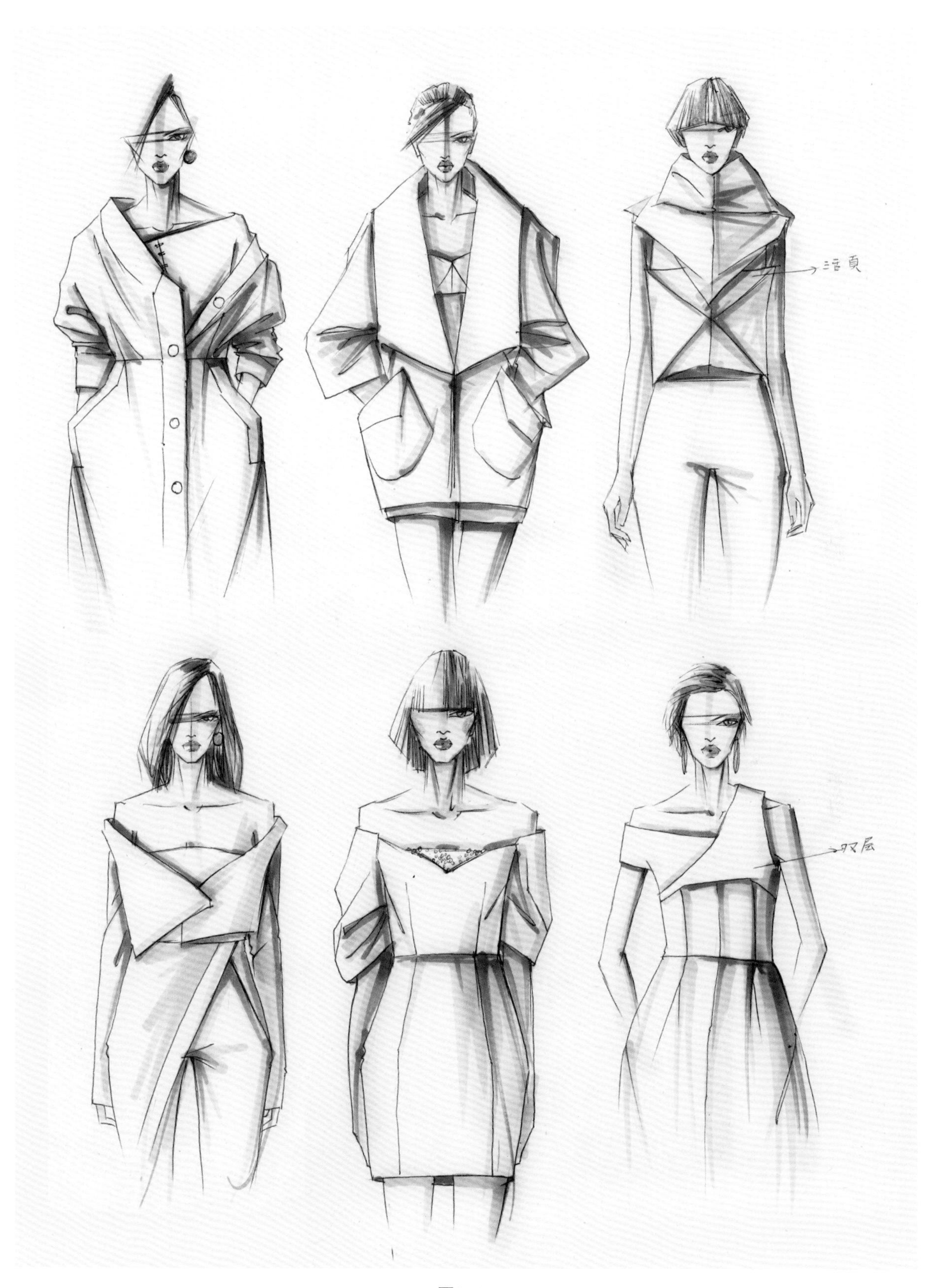

图3-3-5

图3-3-6

图3–3–7

图3-3-8

图3-3-9

第四节 着装单色表现

一、明暗关系分析

服装画中着装单色表现是彩色着色的基础，首先要掌握素描五大调子，然后把明暗关系应用到着装服装画上。影调的表现主要是为了突出服装及人体的立体感和生动性。我们在进行影调表现时，需要熟练掌握一个光源，并且要勤加练习。

明暗三大面指黑、白、灰。黑指物体背光部，白指物体受光部，灰指物体侧光部。

明暗五大调指高光（最亮点）、明部（高光以外的受光部）、明暗交界线、暗部（包括反光）、投影（图3-4-1）。

图3-4-1

二、款式空间及明暗表现

着装就是把服装款式穿着在人体上，服装款式随着人体结构与姿态进行变化。在学习服装画单色表现前我们先了解一下款式图的空间及明暗表现。在款式图中部分衣片与衣片存在上下、前后等关系，为了更好地表现这种关系，在绘制时要假定一个光源。假如设定一个左顶光源（图3-4-2），当左顶光照射在款式上，服装款式左上部为亮部，右下部为暗部，同时衣片的右侧与下方都会产生投影。在单色绘制时，首先要留出亮部，绘制暗部，而且还要绘制右下方与右侧的投影，这样上下层衣片自然就形成了明显的上下关系。若有多层，每层都按此法进行绘制，每层都在右侧与下方绘制投影。款式中的衣褶也可以用此法进行处理，这样可以直观表达哪些为平面拼接工艺，哪些为上下、前后关系。

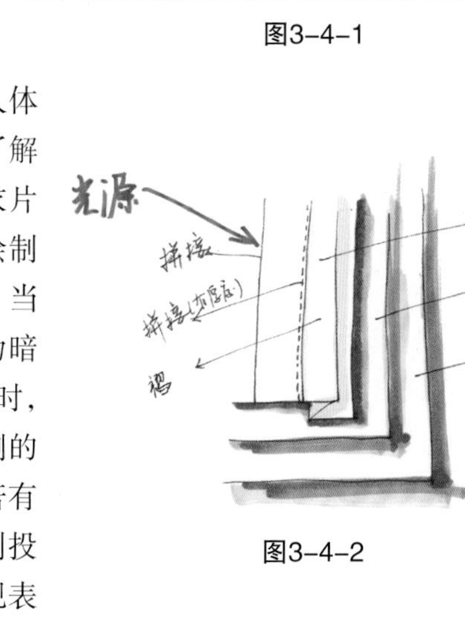

图3-4-2

三、着装单色基本表现技巧与步骤

1. 作出8个半头的比例标记，绘制人体动态，并标示出人体的躯干中线，四肢的动态线以及绘制人物脸部。

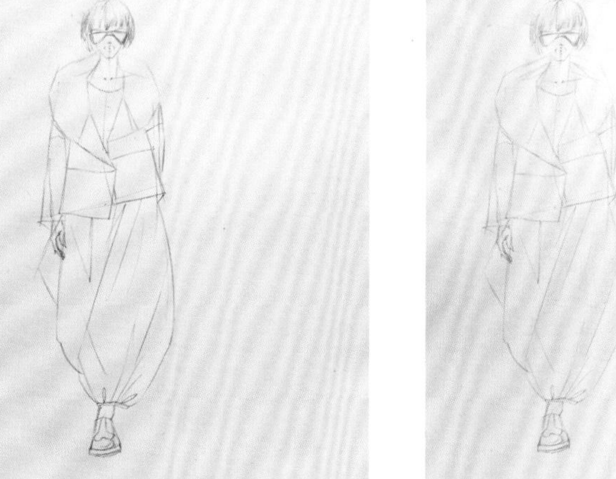
2. 在人体的动态线及基本比例的基础上，绘制人体着装效果。

3. 根据所绘制的着装效果，绘制对应的款式图。

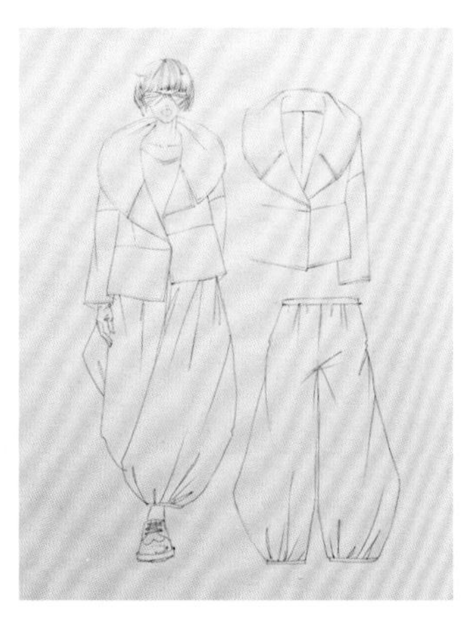

4. 用较深的勾线笔确定人物造型及服装款式，并勾勒出线稿。

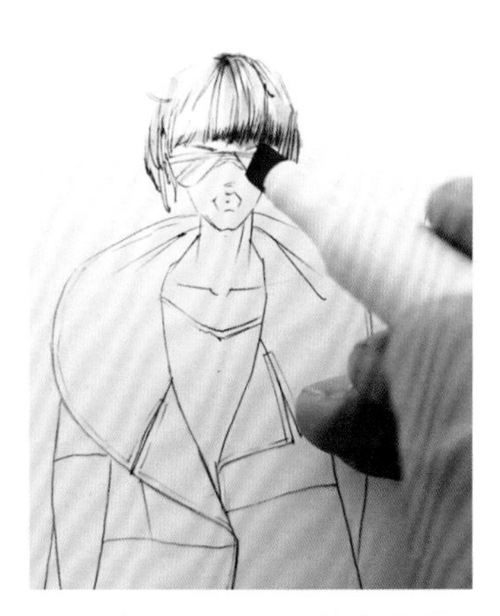

5. 假定一个左顶光源照射在服装上，光源从左上角投射时，那么在时装人体的右边和下面会出现阴影，选用 CG3 号浅灰马克笔绘制头发的暗部颜色，并且根据光源方向及头发的丝缕感留出亮部区域。

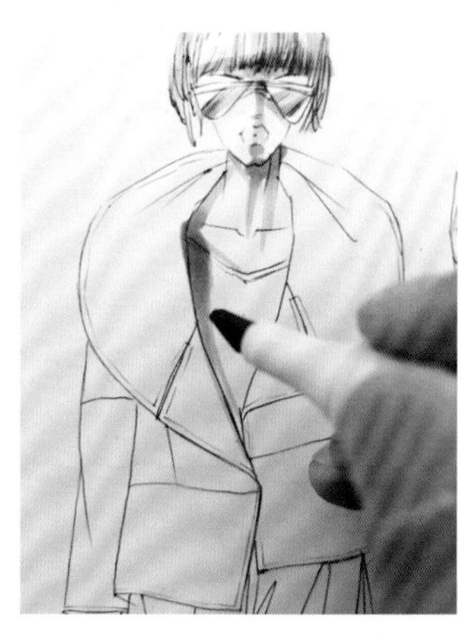

6. 选用 CG3 号马克笔结合光源方向绘制在翻领右侧下人物的肩部及前胸部的领子遮挡所产生的投影，拉开领片与人体之间的空间关系。

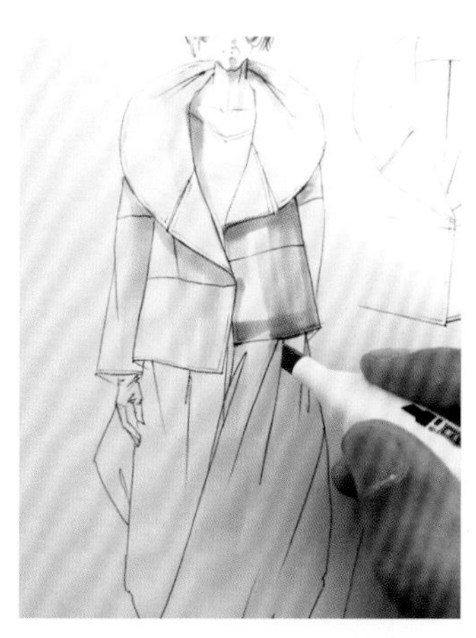

7. 用 CG3 号马克笔的斧头绘制上衣大体明暗关系，注意分开衣片上下层的空间关系。

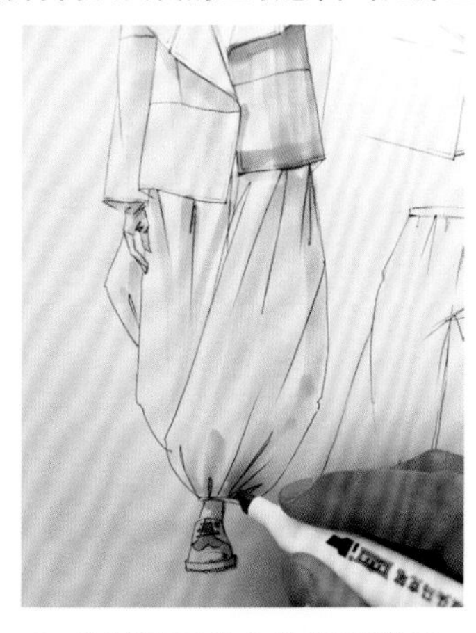

8. 绘制裤子的大体明暗关系，注意用笔的走向要与衣纹、衣褶走向相一致。

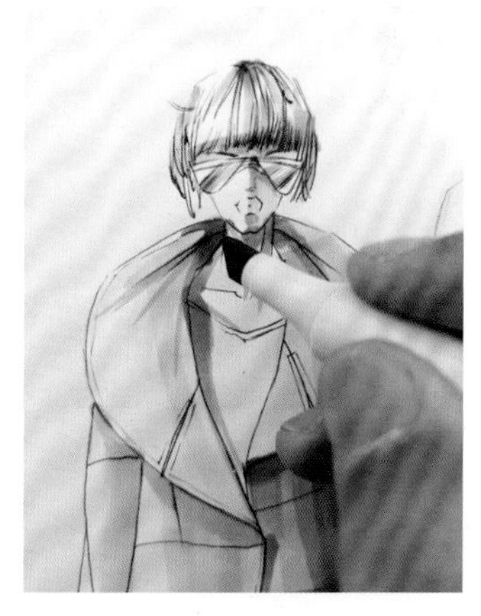

9. 整体明暗关系绘制好后，在第一遍的绘制基础上选用 CG5 号马克笔。加深暗部，突出层次。先加深领子的深色，刻画领子与颈部的空间关系。

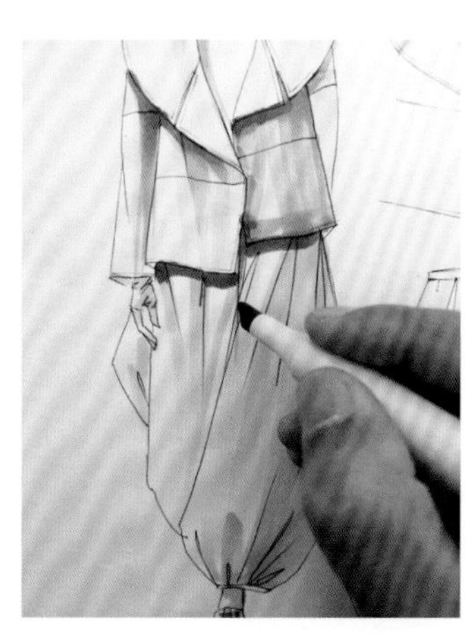

10. 然后加深上衣在裤子上产生的投影，拉开上衣与裤子的前后空间关系，用笔时要注意裤子褶皱所产生的起伏感。

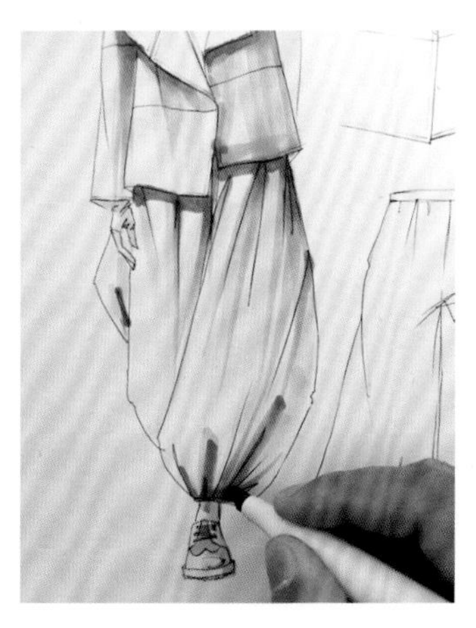

11. 同样用 CG5 号马克笔加深裤子与裤脚的暗部色彩。

12. 为了更好地体现穿着感，用 CG5 号马克笔加深衣片中后片的暗部关系。

13. 利用马克笔斧头拉开裤子与脚之间的空间关系，同时绘制脚部及鞋子。

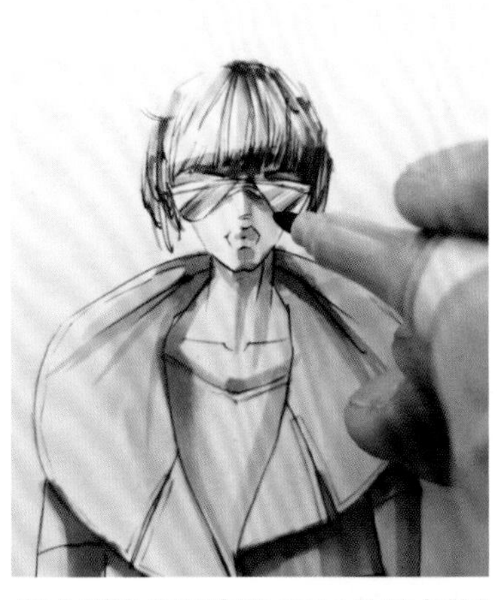

14. 结合假定光源选用 CG7 号马克笔加深暗部，绘制头部第三层次明暗关系，具体位置如头发暗部、眼镜底部、下巴底部等。

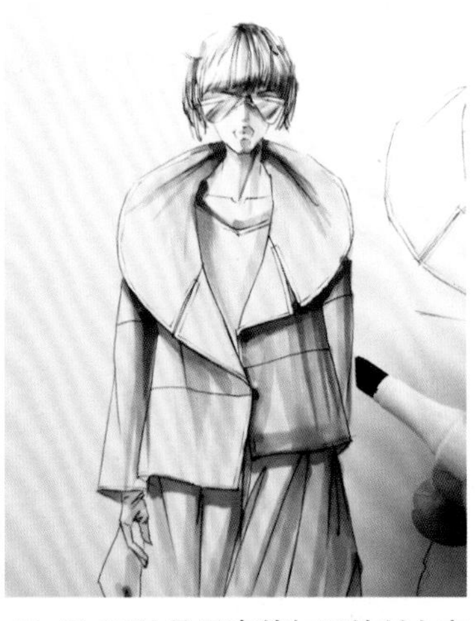

15. 用 CG7 号马克笔加深绘制上衣第三层次明暗关系，具体位置如领子右侧暗部、胸下、手臂衣褶等。

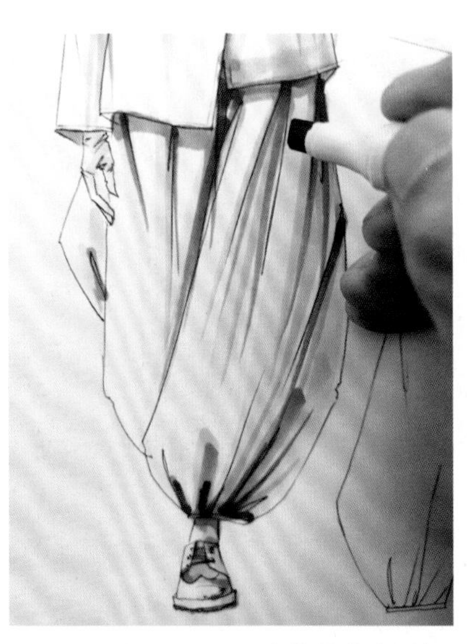

16. 同样用 CG7 号马克笔结合光源加深裤子及鞋子第三层次明暗关系，如裤子褶纹、上衣在裤子上的投影、裤脚底部、鞋子暗部等。最后进行画面整体调整，完成画稿。

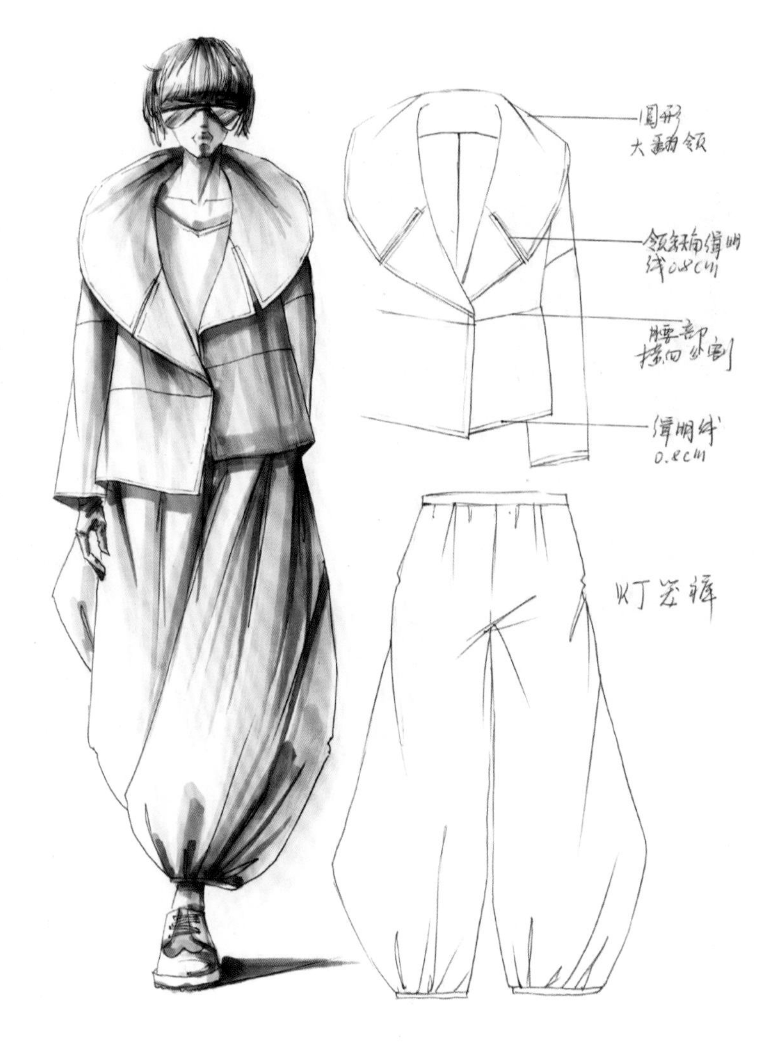

17. 完成稿。

四、范例展示

图3–4–3~图3–4–8为范例展示。

图3–4–3

图3–4–4

图3-4-5

图3-4-6

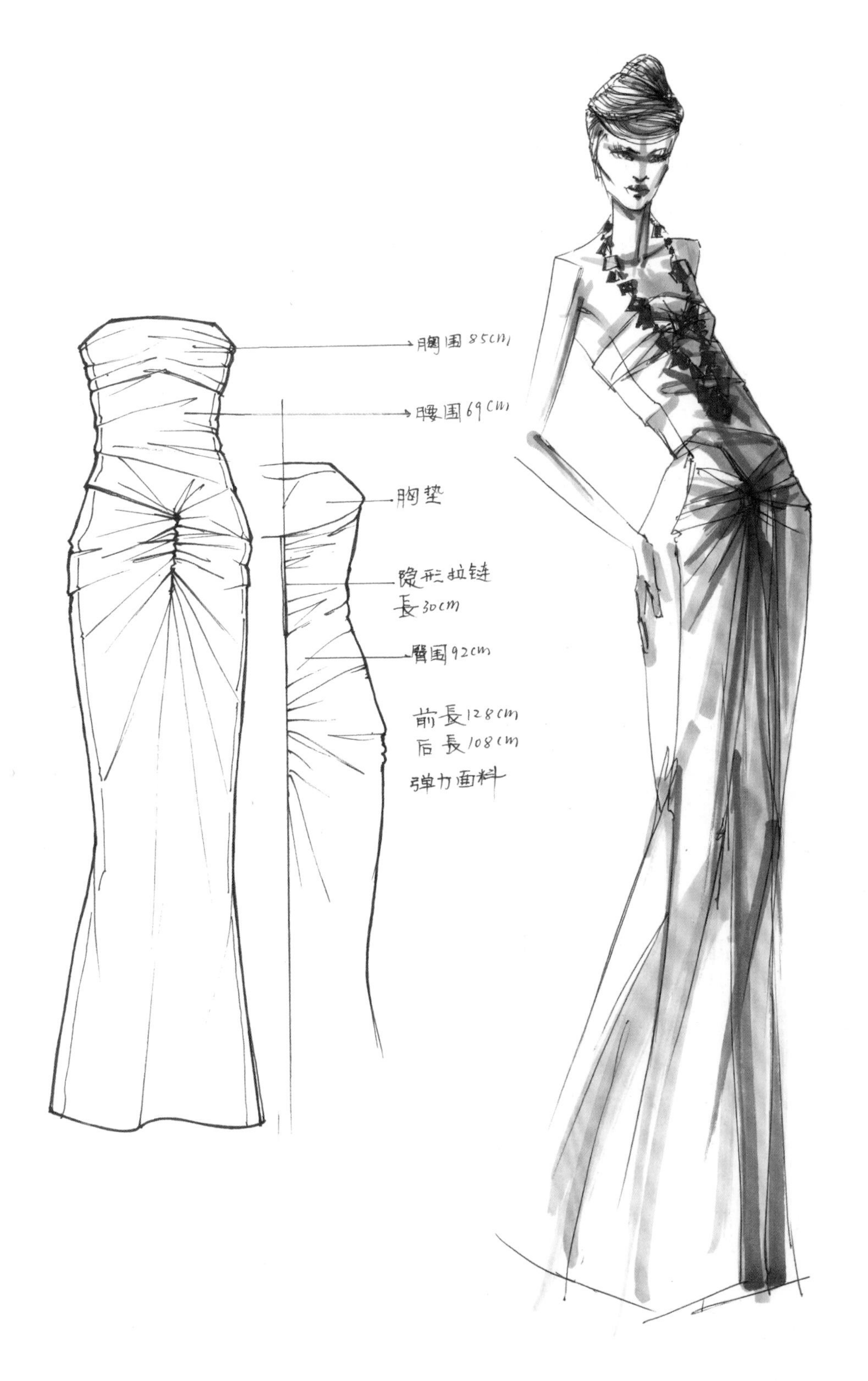

图3-4-7

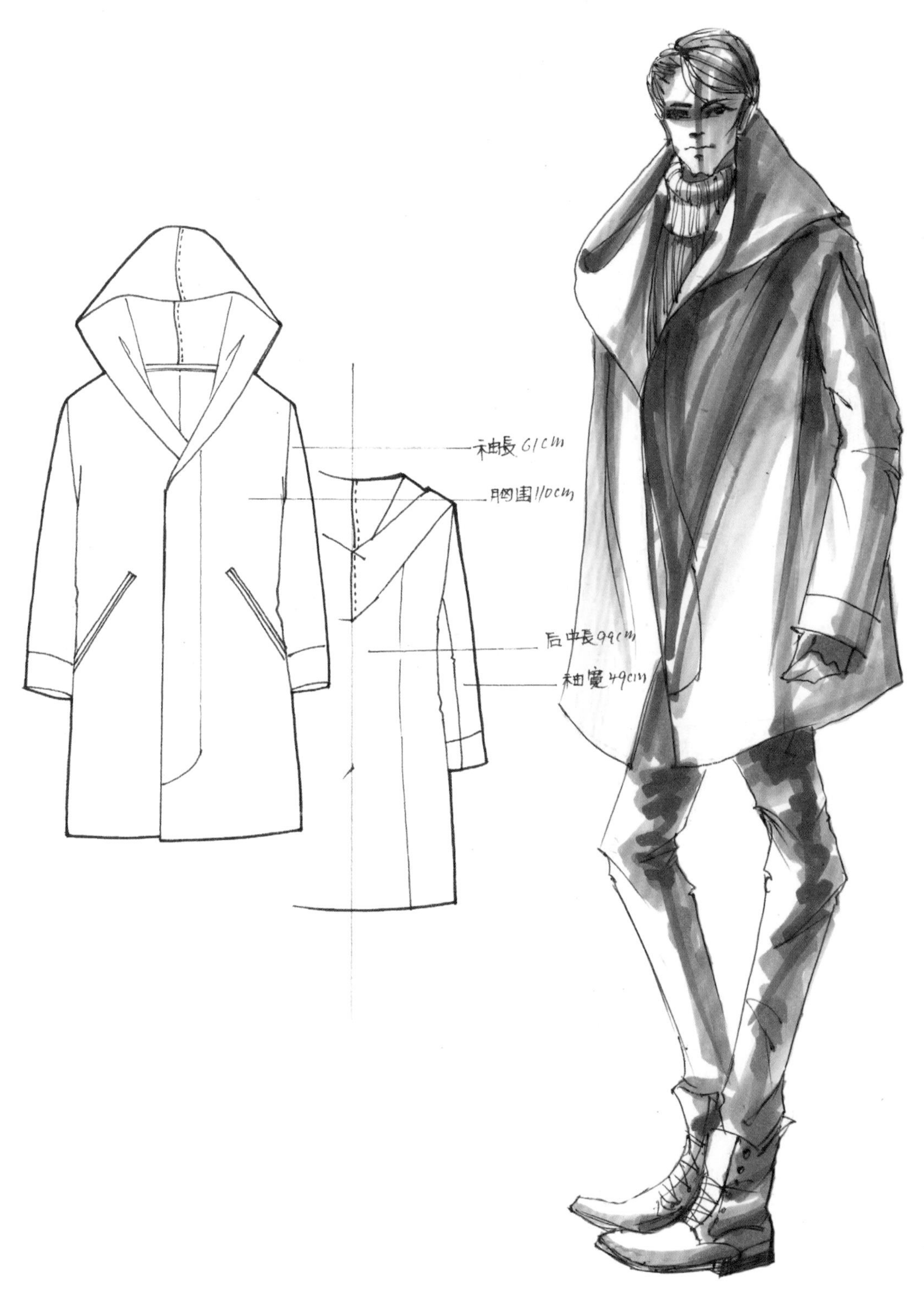

图3-4-8

第五节 服饰配件表现

服饰配件是服装画表现要素之一，在服装画中起到协调整体效果的作用。它不仅在造型上有统一整体的作用，而且可以通过不同色彩给表现主体进行点缀、寻求变化。

一、鞋靴的表现

鞋靴是整体服装中必不可少的配件，是使服装风格达到协调统一的重要部分。鞋靴的种类有很多，不同风格种类鞋靴的表现方法有所不同。但鞋靴表现并不复杂，不管变化有多复杂的鞋子都是以脚型为基础的，所以掌握好各个角度的脚的画法是画好鞋子的一大要点。鞋楦是脚型的概括（图3–5–1），建议在表现鞋子之前多做一下鞋楦造型训练。在具体表现时，注意鞋底的厚度及鞋面材质的表现。对于高跟鞋，注重表现鞋底与鞋跟之间的弧度；对于凉鞋，注意概括脚趾形状；对于靴子，注意脚踝处的褶皱表现（图3–5–2~图3–5–6）。

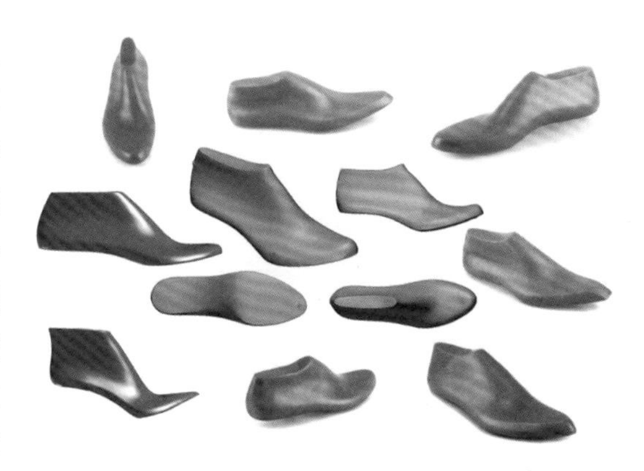

图3–5–1

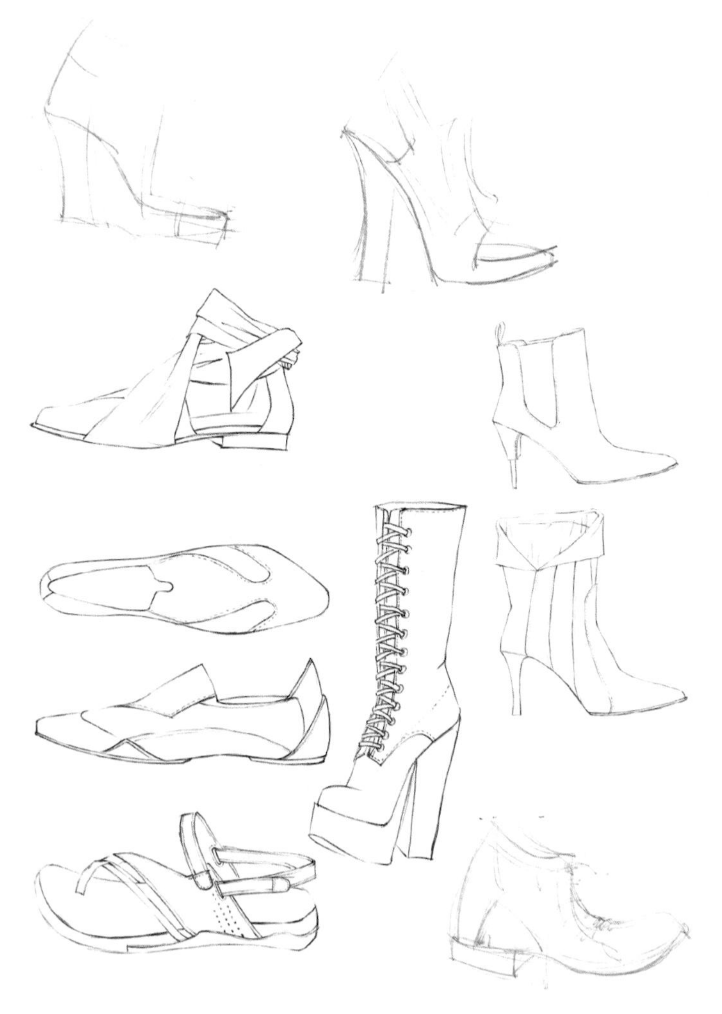

图3–5–2

图3-5-3

图3-5-4

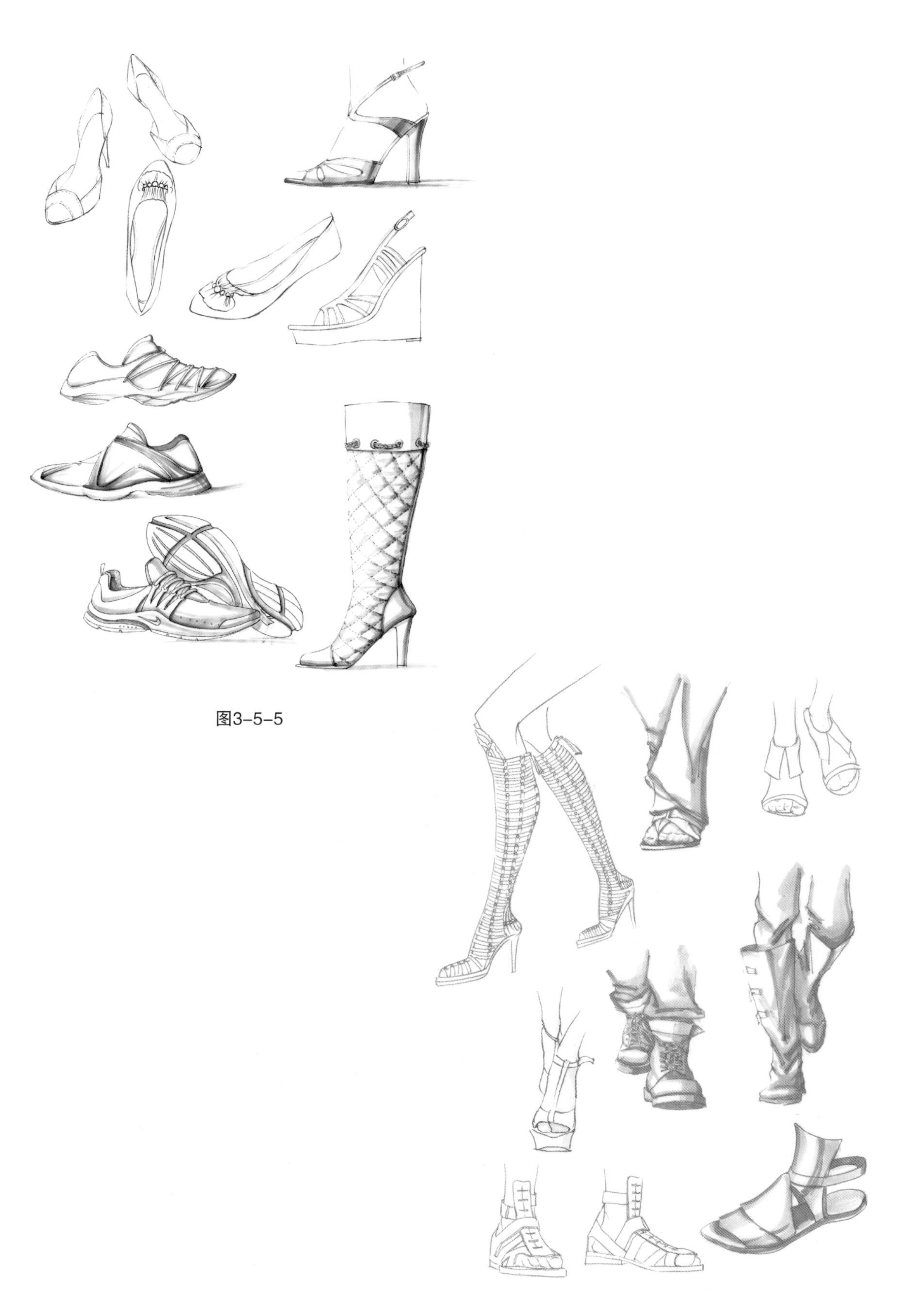

图3-5-5

图3-5-6

二、包袋及其他配件表现

包袋、帽子、眼镜、首饰等也是服饰表现的重要配件。包的种类较多，有提包、挎包、背包等。包的款式风格及面料材质较为丰富，在包袋的表现中其款式和材质的表现较为重要。对于帽子，主要表现其款式与面料质感，并要与头的造型相匹配；对于其他配件，要多画多积累，为以后设计应用作铺垫（图3-5-7、图3-5-8）。

图3-5-7

图3-5-8

课后建议练习

1. 每天绘制1张着装线稿。
2. 每周绘制2张单色着装人体。
3. 绘制服饰品5张（8开）。

第四章　运用各种绘画材料的服装画表现

学习目标：指导学生通过一定数量的不同绘画材料练习，掌握各种绘画材料属性与特点，进行相关的服装造型设计训练，促进学生对各种绘画材料使用方式的掌握。

学习要求：1. 了解各种绘画材料绘画特点。

2. 理解各种绘画材料绘制规律。

3. 掌握各种绘画材料绘制技巧与方法。

学习重点：掌握并区分各种绘画材料的特点。

学习难点：掌握各种绘画材料的属性并灵活运用技法表现时装画。

第一节 彩铅技法表现

一、彩铅材料分析

彩色铅笔是一种常见的着色工具，有便于携带、易掌握等特点。市场上大致有两种彩铅，一种是非水溶性彩铅，一种是水溶性彩铅。非水溶性彩铅最大的优点是能够像普通铅笔一样运用自如。水溶性彩铅介于铅笔与水彩之间，可用水进行溶解渲染达到接近水彩的效果。彩铅色彩丰富且细腻，可以表现较为轻盈、通透的质感。

二、彩铅技法分析

彩色铅笔和普通铅笔有很多共同点，所以在作画方法上，可以借鉴以铅笔为主要工具的素描的作画方法，用线条来塑造形体。立笔刻画出来的线条比较硬、细，适合小面积涂色；斜笔笔尖与纸接触面积大，线条松软且粗，适合大面积涂色。

彩铅有一定笔触，用笔要随形体走向方可表现形体结构感。用笔用色要概括，应注意笔触之间的排列和秩序，体现笔触本身的美感，不可零乱无序。彩铅的着色原理是通过笔尖与纸产生磨擦在纸面上留下色彩粉末，所以彩铅不宜反复着色，也不要把形体画得太满，要敢于“留白”，用色不能杂乱，用最少的颜色尽量画出丰富的感觉，画面不可以太灰，要有阴暗和虚实的对比关系。

彩铅大致着色技法：

1. 渐变叠彩排线法：运用彩色铅笔均匀排列出铅笔线条，色彩变化较丰富，易产生硬朗感。

2. 渐变涂抹法：运用彩色铅笔渐变涂抹的笔触，可产生一种柔和的色彩效果。

3. 水溶退晕法：利用水溶性彩铅溶于水的特点，将彩铅线条与水融合，达到退晕的效果。

4. 调子画法：运用铅笔画出靠得很近很紧的线条，排列出空间关系进行着色。

三、彩铅表现基本技巧与步骤

1. 用铅笔绘制出着装线稿，绘制时擦除多余的铅笔草稿，彩色铅笔绘画颜色较浅，因此需要画面干净整洁，以保证绘图效果。

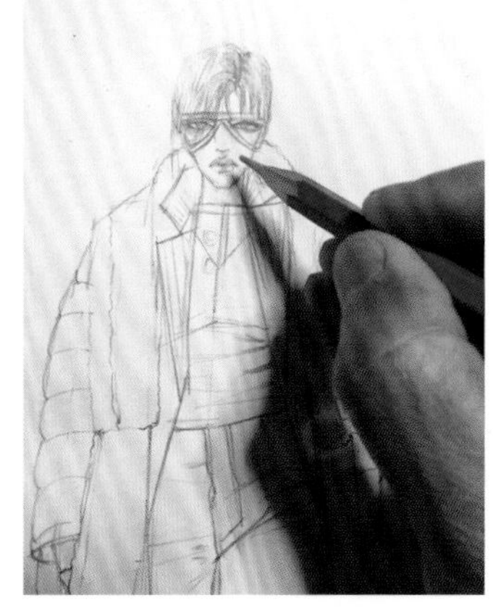

2. 绘制脸部的第一遍颜色，用黄色与棕色绘制头发，并注意明暗层次，用粉色绘制眼影及嘴的第一层颜色。

3. 用群青色绘制牛仔裤的第一遍颜色，注意用笔的方向与人体结构、衣纹走向一致，同时注意衣纹空间明暗关系。

4. 用赭石色及肉色对面部进行进一步刻画，同时在下巴及颈部位置绘制暗部颜色及投影。

5. 用深褐色及黑色绘制中间层服装的颜色，在绘制时注意面料质感及纹路方向，同时注意前后遮挡关系，绘制由上层外套遮挡所形成的投影。

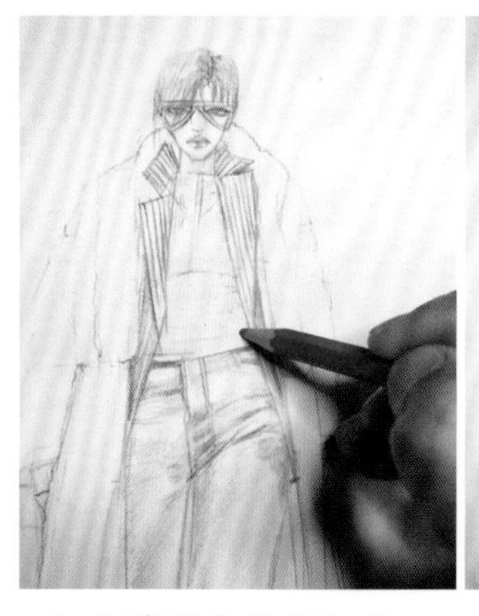

6. 用浅绿色绘制打底衫的颜色。

7. 用深褐色与黑色绘制外套的里布颜色，同时注意深浅变化，把该位置的颜色绘制得深些，使其产生层次感。

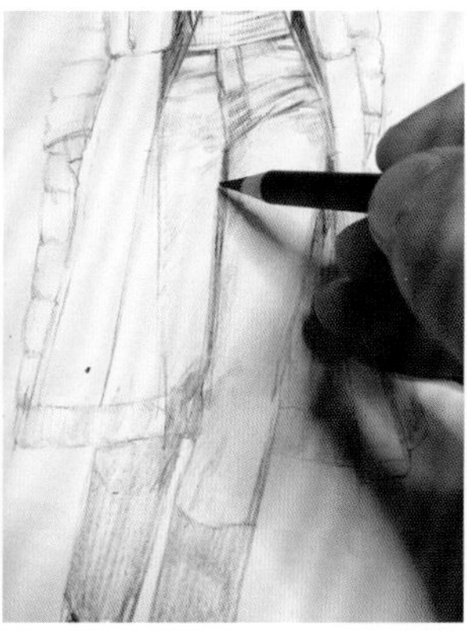

8. 对牛仔裤进行进一步的刻画，同时强调一下牛仔裤的轮廓线。

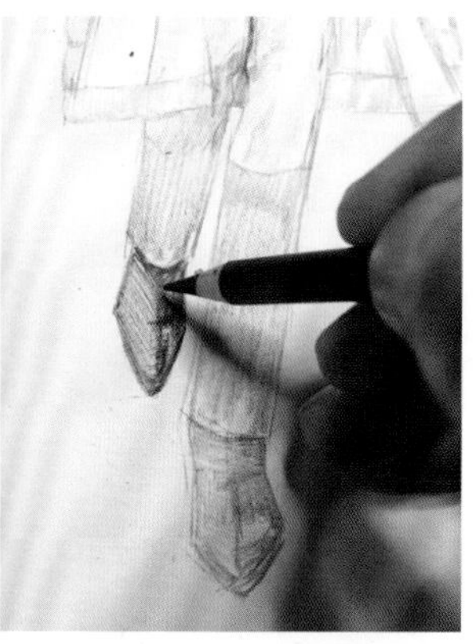

9. 利用黑色与灰色绘制靴子的颜色，在绘制时注意留出高光，表现出明暗关系，强调靴子的明暗交界线。

10. 绘制外套的颜色，在绘制时注意外套面料质感，同时注意拼接工艺的细节表现。

11. 用棕色系与黄色系来丰富外套的颜色，同时对外套进行进一步的刻画，绘出外套色彩层次变化。

12. 对整张图进行整体的调整，同时用橡皮擦除多余的线条，最后绘制主打款的款式图并写好工艺说明。

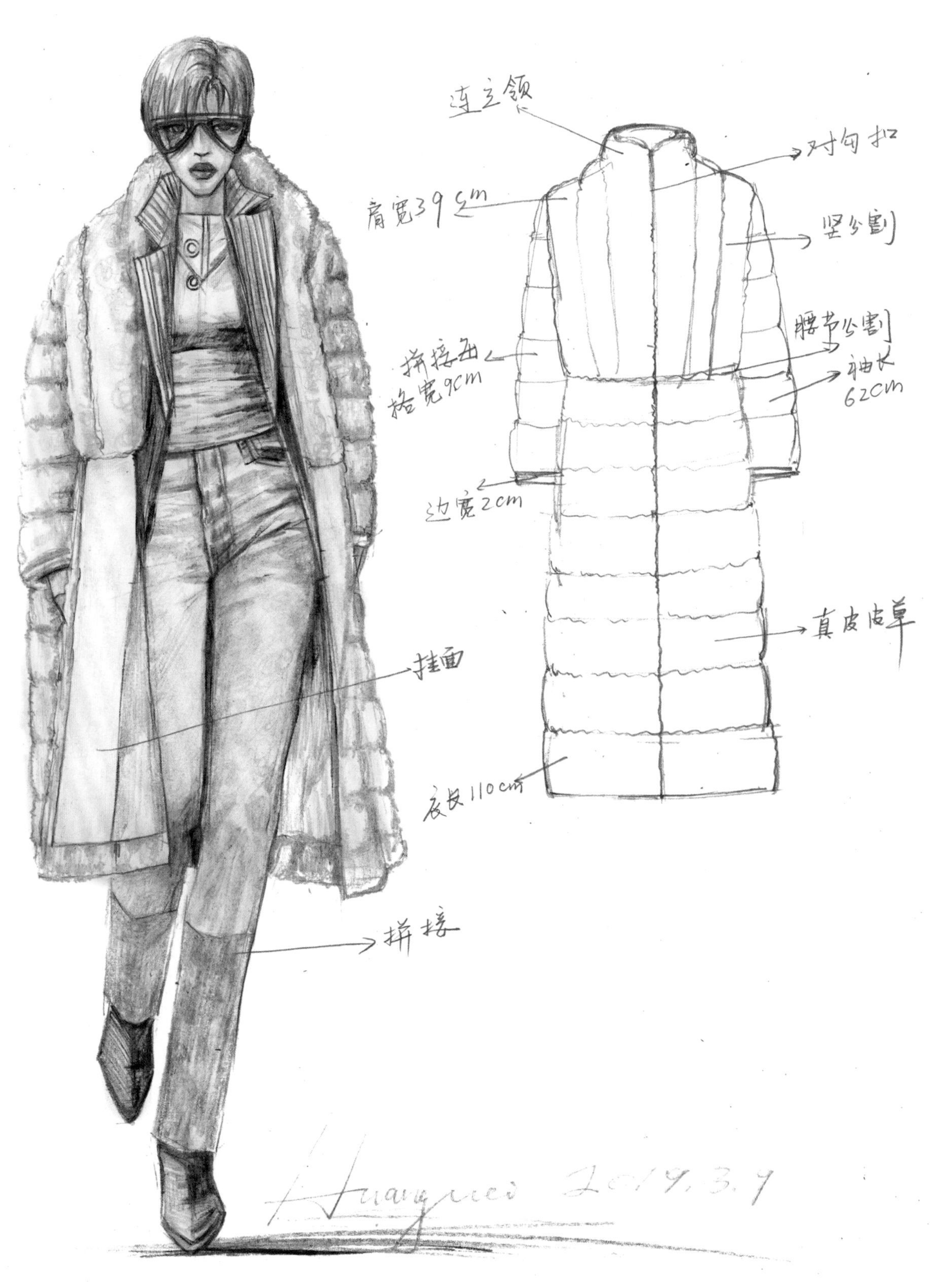
连立领
对勾扣
肩宽39cm
竖分割
腰节分割
拼接面
格宽9cm
袖长
62cm
边宽2cm
真皮沾草
挂面
衣长110cm
拼接
Huangwei 2019.3.9

13. 稿件完成。

四、范例展示

图4-1-1~图4-1-5为范例展示。

图4-1-1

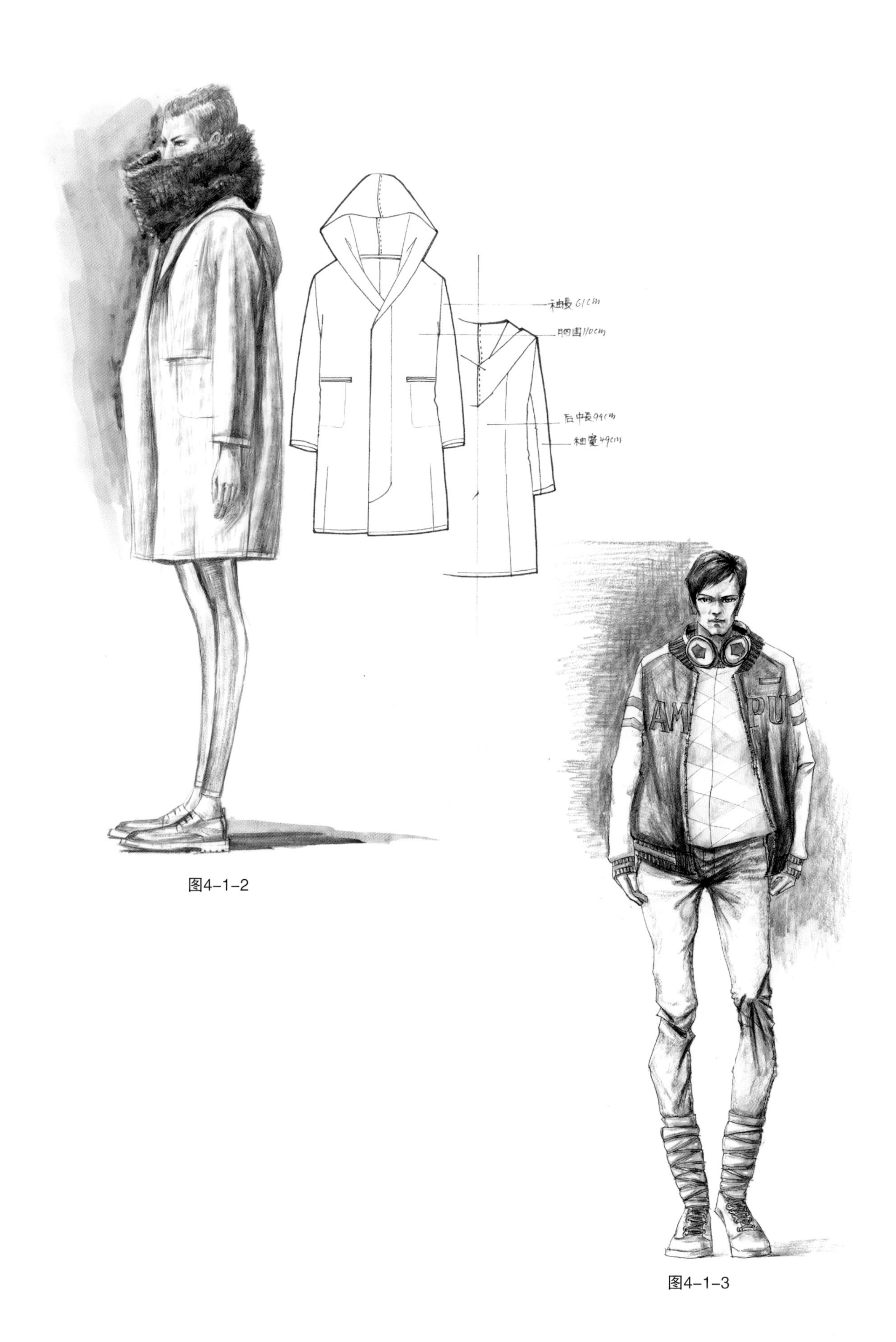

图4-1-2

图4-1-3

图4-1-4

图4-1-5

第二节 水彩技法表现

一、水彩材料分析

水彩颜料有锡管膏状、瓶装液体、块状干颜料等，水彩颜料是由色粉加胶、柔软剂调制而成的。透明度的高低决定于色粉的性质，色粉来自植物提取、化学合成、矿物提取等。植物和化学颜料中，透明度好的色彩主要有柠檬黄、普蓝、翠绿、玫瑰红、青莲、橘黄、朱红色等。矿物颜料中的土黄、群青、钴蓝、赭石、土红、粉绿色等透明度较差，但用水稀释可产生透明效果。水彩颜色有透明度高，涂层薄，易褪色等特点，在长时间阳光直射下，大多数颜色都会褪色。

二、水彩技法分析

水彩技法主要体现在水分控制、用笔和留白等方面。

1. 水分控制

水分的运用和掌握是水彩技法的要点之一。水分在画面上有渗化、流动、蒸发的特性，画水彩要熟悉“水性”，充分发挥水的作用，这是画好水彩的重要因素。掌握水分应注意时间、空气的干湿度和画纸的吸水程度等。水彩技巧水含量大致有以下几种情况：

（1）色多水少：笔中颜色多而水少，色彩感觉饱满有力，但易腻而透明，适合做画面最后的造型塑造。

（2）色少水多：笔中颜色少而水多，色彩感觉淡雅透明，但易造成画面苍白无力感，适合第一次铺色。

（3）色多水多：笔中颜色多而水也多，可通过对水分的控制获得一种自然含蓄的韵味，一般在绘制饱和色的第一遍色彩上使用。

（4）色少水少：笔中的颜色少而水也少，可通过特殊的技法来表现一些特殊面料如薄纱的质感。

对水分控制的不同，产生了干画法与湿画法两种画法：

（1）干画法：干画法是一种多层画法。用层涂等方法在干的底色上着色，不求渗化效果。干画法可分层涂、罩色、接色、枯笔等具体方法。

A. 层涂：即干的重叠，在着色干后再涂色，一层层重叠颜色表现对象。

B. 罩色：是一种干的重叠方法，待第一层颜色干透后，再在上面绘制第二层颜色，产生的效果有第一层颜色透出部分也有后绘制的色彩。罩色通常用来统一画面，在着色的过程中和最后调整画面时，经常采用此法。

C. 接色：干的接色是在邻接的颜色干后在其旁涂色，色块之间不渗化，每块颜色本身也可以湿画，增加变化。

D. 枯笔：笔头水少色多，运笔容易出现飞白。用水比较饱满在粗纹纸上快画，也会产生飞白。

（2）湿画法：湿画法是趁纸面未干时进行着色绘制。湿画法可分湿重叠和湿接色两种。

A. 湿重叠：将画纸浸湿或部分刷湿，未干时着色和着色未干时重叠颜色。此法重点在于水分与时间的控制。

B. 湿接色：邻近未干时接色，水色流渗，交界模糊。表现过渡柔和色彩的渐变多用此法。

2. 用笔

（1）运笔角度：中锋适合画线，线条饱满，挺拔，圆滑；侧锋适合画块面，铺大调或塑造形体都可以。

（2）运笔方向：根据表现对象的具体要求而定，一般结合对象结构进行用笔，笔触变化可以增加画面的节奏感。

（3）运笔力度与速度：水彩画的用笔力度重适合表现厚重的呢料，力度轻适合表现薄型面料。

3. 留白

水彩技法最突出的特点就是“留白”。水彩与水粉原料基本相同，不同在于所加胶质的不同，所以水彩的覆盖能力差，一些浅亮色、白色部分不能依靠淡色和白粉来提亮，需在画深一些的色彩时“留空”出来。

三、水彩表现基本技巧与步骤

1. 铅笔淡彩

1. 绘制铅笔线稿，在绘制时用笔要轻，切勿划破纸面，破纸处吸水性特别强，会造成纸面色彩不匀的后果。因为水彩颜色较透明，颜料覆盖力弱，所以需要轻轻地擦除草稿线条的铅灰，仅留下铅笔印迹，避免上色时铅灰污染色彩。

2. 中黄、朱红色加大量清水调和渲染脸部及手的色彩，注意此时水彩笔的含水量要饱和。然后控制好水分加入红色，趁第一遍色彩未干时绘制脸颊的颜色，注意留出高光、眼睛、嘴巴等未绘制的位置，同时注意处理好服装、头发等轮廓边缘。如果有水渍出现，用其他水彩笔轻轻吸取。

3. 绘制完肤色与头发的第一遍颜色后，此时颜色未干，可以绘制其他位置的颜色，以便后期刻画。用含水饱和的画笔画衣服的底色，靠近边缘处，注意留白。再加入深蓝色进行调和，趁画纸湿润时绘制服装的暗部颜色，如领子翻褶处，腋下的位置，袖口位置以及手臂遮挡袖子的位置等。

4. 对画面进行进一步的刻画，如用中黄、土黄与深棕色进行调和对头发进行刻画，在肤色的基础上加入赭石色绘制皮肤暗部颜色。调和较深的蓝色对服装进行刻画，表现服装的立体感。

5. 对五官进行刻画，在刻画时注意眼睛的用笔，靠近眼线的颜色较深，远离眼线的颜色用渲染法渐变减淡。绘制嘴唇的颜色，嘴唇的颜色分上唇和下唇两个部分进行绘制，上层的颜色要略深于下唇颜色，同时根据光线方向在下唇留出高光。

6. 对整体画面进行刻画，绘制头发最深的颜色以及瞳孔的颜色。用深灰色对眼框进行勾勒，注意上眼睑颜色深，下眼睑略浅，靠近眼睛两端颜色重，以表现空间感，并绘制出睫毛；再加深上唇颜色，同时勾勒出唇线；对手臂、服装进行进一步刻画。

7. 稿件完成。

2. 钢笔淡彩

1. 在画面的左侧绘制着装人体线稿，绘制完后用 0.1mm 勾线笔勾勒服装的线条，然后用橡皮擦除铅笔稿，右侧留出位置绘制款式图及撰写工艺说明，注意勾完线稿后不宜马上着色，待线稿干透后再着色。

2. 利用中黄色调和，笔头水少色少，绘制头发的固有颜色，注意留出高光，同时，绘制肤色，眼影、眼睛、眉毛、嘴巴、鼻子等五官细节。

3. 为了避免颜色相互渗透，两块不同色彩的面料不要同时着色，应间隔着色块进行着色，如铺好内搭服装后，空出帽子再铺中间的黄色衣服，然后空出橙色衣服，铺好蓝色外套及灰色内搭。面积过大的区域水分控制为水多色少，小面积应该水少色少。

4. 待第一遍颜色干透后，把上身留出的区域进行着色，如帽子、橙色衣服等。空白区域铺好颜色后，对第一遍铺好的色块进行第二遍着色。

5. 对裙装进行着色，首先画出裙装大体的明暗关系，然后再绘制格子花纹的大体框架。在绘制格子花纹时，注意衣纹对格子花纹产生的变化。

6. 对上身的服装进行进一步刻画，如服装中的暗部颜色，服装与服装之间的前后空间关系以及部分服装的肌理质感，同时绘制靴子的第一遍颜色及明暗交界线。

7. 对下装格子花纹进行进一步刻画，以及对整个画面的光线进行统一调整及整体刻画。然后绘制服装部分细节如铆钉、扣子、拉链、字母花纹等。最后绘制款式图，撰写工艺说明。

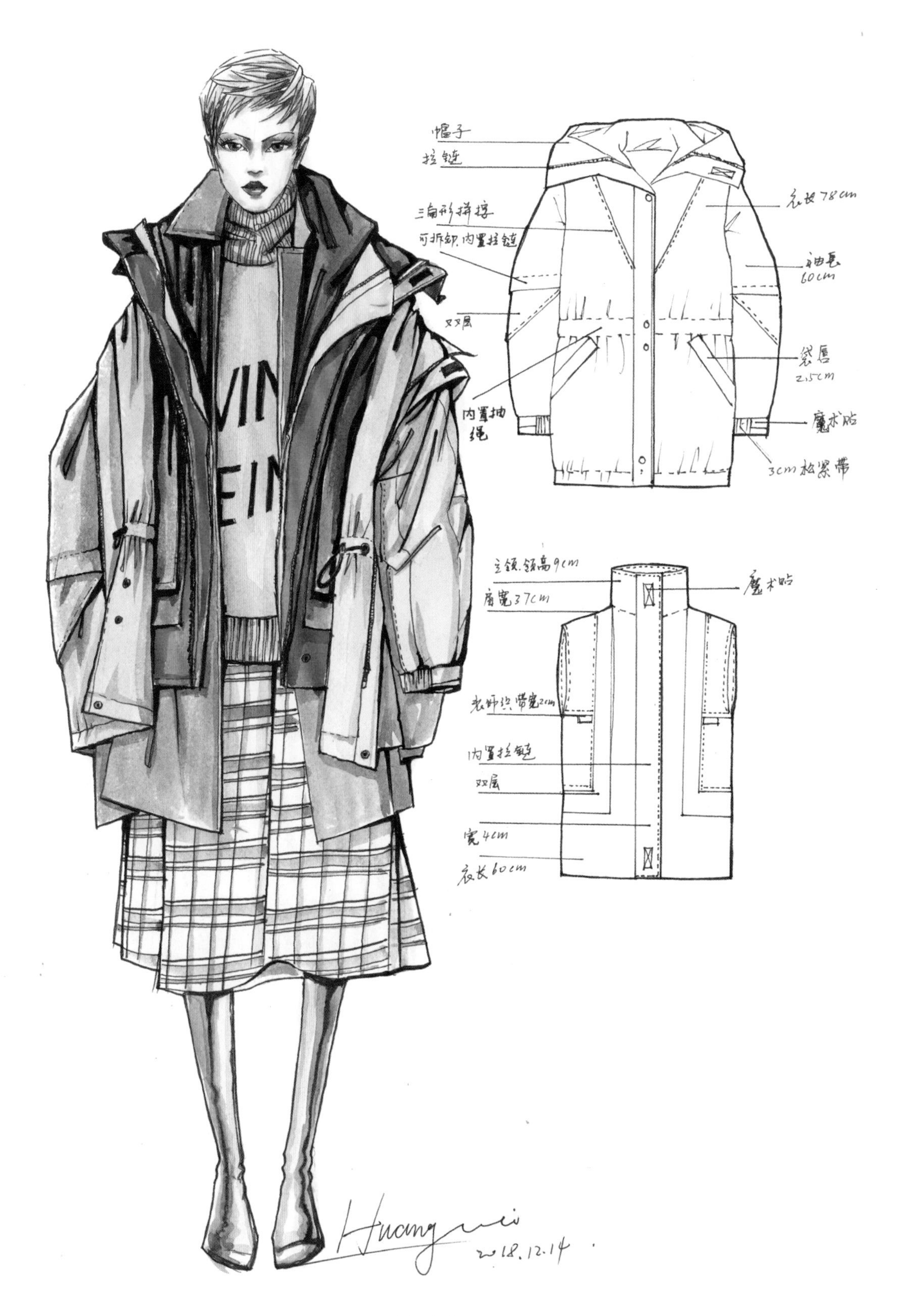

帽子
拉链
三角形拼接
可拆卸,内置拉链
双层
内置抽绳
衣长78cm
袖长60cm
袋唇2.5cm
魔术贴
3cm松紧带
立领,领高9cm
肩宽37cm
魔术贴
宽4cm
衣长60cm
内置拉链
双层
2018.12.14

8. 稿件完成。

四、范例展示

图4-2-1~图4-2-5为范例展示。

图4-2-1

图 4-2-2

图 4-2-3

图 4-2-4

图 4-2-5

第三节 水粉技法表现

一、水粉材料分析

水粉颜料同样是由色粉加胶、柔软剂调制而成。水粉与水彩的区别在于胶质的不同，水粉的性质和技法，与油画和水彩画有着紧密的联系，是介于油画和水彩之间的一种画种。

二、水粉技法分析

水粉颜料以较多的水分调配时，也会产生不同程度的水彩效果，但在水色的活动性与透明性方面没有水彩效果好。在表现明亮效果方面水粉与水彩大不一样，水粉一般不使用多加水的调色方法，而采用白粉色调节色彩的明度，以厚画方法来显示自己独特的色彩效果，因为水粉颜料是具有遮盖力的颜料。

1. 调色

调配颜色要考虑整个色调和色彩关系，从整体中去决定每一块颜色。水粉画色彩不易衔接，应该在明确色彩的大关系的基础上，把几个大色块的颜色加以试调，准备好再画。水粉画颜色湿时深，干后浅，干湿变化明显。

2. 水的使用

水的使用在水粉画中虽然不及水彩画中那样重要，但也要加以注意。一般来说，适当用水可以使画面有流畅、滋润、浑厚的效果；过多用水则会减少色度，引起水渍、污点和水色淤积；而用水不足又会使颜色干枯，难于用笔。通常用水以能流畅地用笔、盖住底色为宜。

3. 用笔

常见的笔法：平涂法，笔迹隐蔽，画面色层平整；笔触法，笔迹显露，但色层厚薄变化不显著。

4. 衔接

水粉的衔接主要可以分为湿接、干接和压接三种方法。

湿接，是邻接的色块趁前一块色尚未干时接上第二、三块颜色，让其渗化，自然化接。

干接，是邻接的色块在前一块颜色已经干了的时候，再接上第二、三块颜色。

压接，前一块色画得稍大于应有的形，为防止缺乏整体处理意图的凌乱用笔，接上去时，是压放在前一块色上，压出前一块色应有的形。

三、水粉表现基本技巧与步骤

1. 绘制着装线稿铅笔稿，注意抓住非洲籍模特的造型特征。

2. 选用 0.5 勾线笔勾勒线稿。

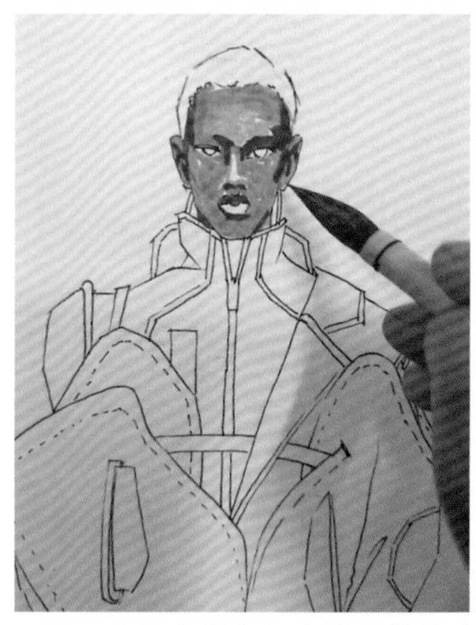

3. 赭石色加土黄色调和绘制模特肤色的固有色，选用赭石色绘制肤色的暗部颜色。

4. 同样用赭石色加土黄色绘制手、脚固有色，选用赭石色绘制暗部颜色。

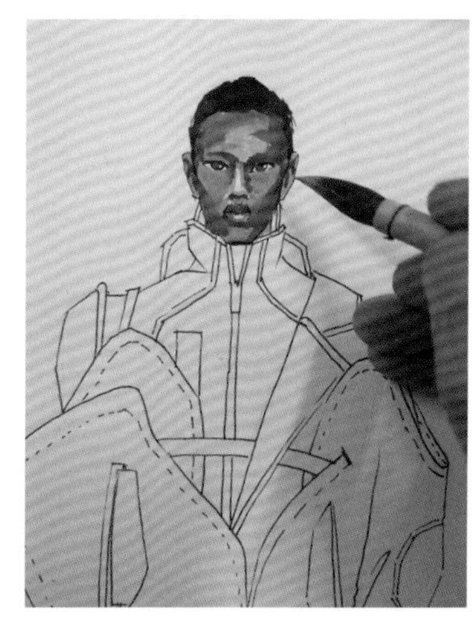

5. 用黑加白色绘制头发的固有颜色，然后分上、下唇分别绘制嘴唇的颜色，下唇色彩要浅于上唇色彩。

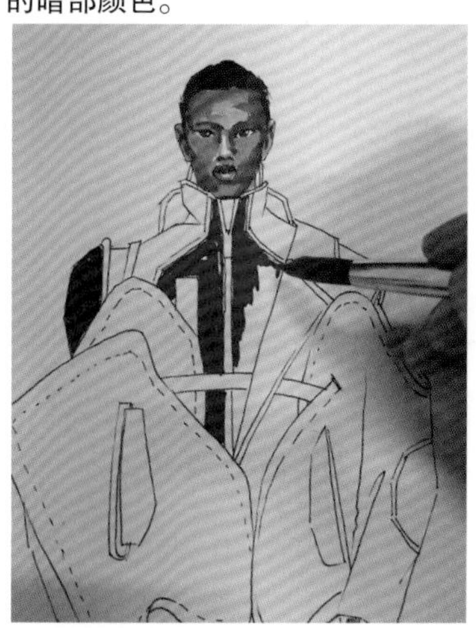

6. 选用群青色绘制服装的固有颜色，并留出撞色及白边位置。

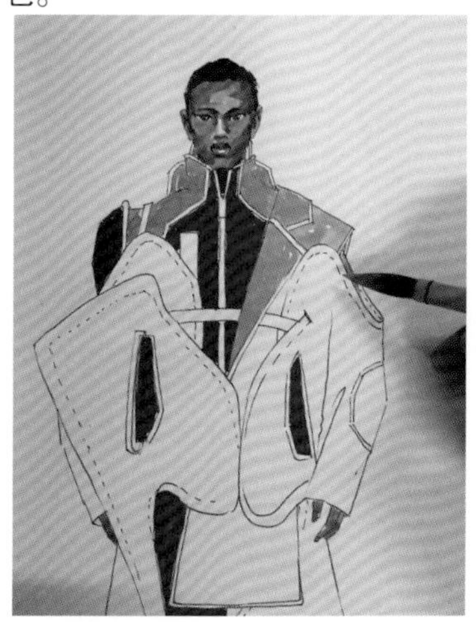

7. 白加黑色调出灰色，平涂出灰色服装固有色。

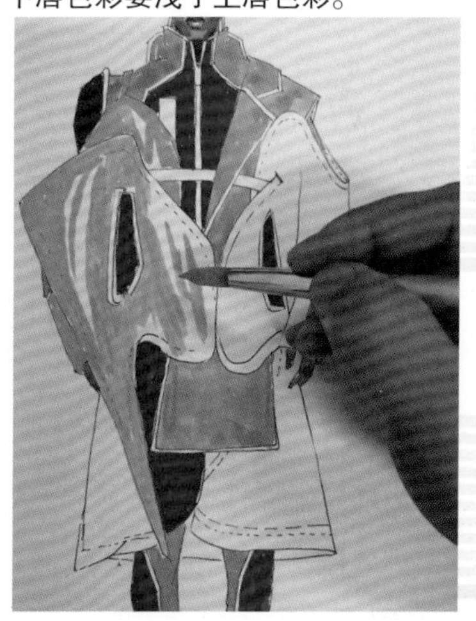

8. 选用柠檬黄色绘制外面服装固有色彩。因要体现皮质感，在留高光时注意高光色块的形状。由于此色面积过大，注意调色时量要大。

9. 用土黄加赭石色调和绘制黄色衣片中的后片颜色。

10. 在调制灰色时增加黑色的量，调出深灰色绘制灰色服装的暗部颜色，但要注意暗部色彩的形状。

11. 为了体现灰色服装的空间层次，在灰色服装暗部色彩上绘制最深的暗部颜色。

12. 用朱红色平涂出红色拉链的固有颜色。

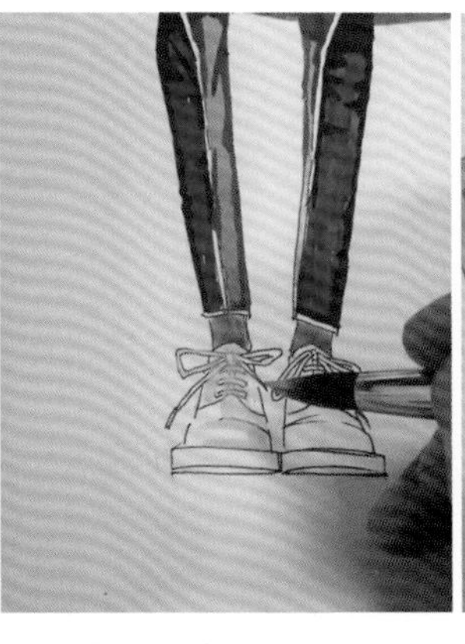

13. 选用柠檬黄色绘制鞋子的固有色。

14. 选用土黄色绘制黄色外套的暗部颜色，用笔的走向要与衣纹走向一致。

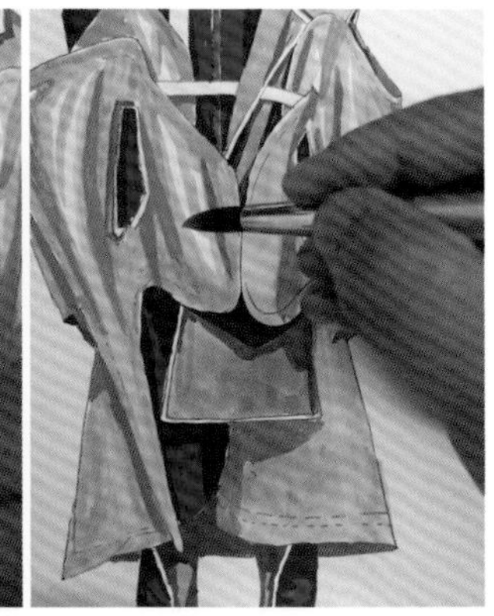

15. 用土黄色加绿色绘制黄色外套的最深色彩。

16. 用土黄色加绿色绘制黄色外套上下层衣片中的下层衣片，拉开他们的空间层次关系。

17. 用土黄色加绿色来刻画鞋子。

18. 刻画黄色外套。

19. 刻画人物脸部，用赭石色加熟赫色调和来加深人物脸部的色彩。

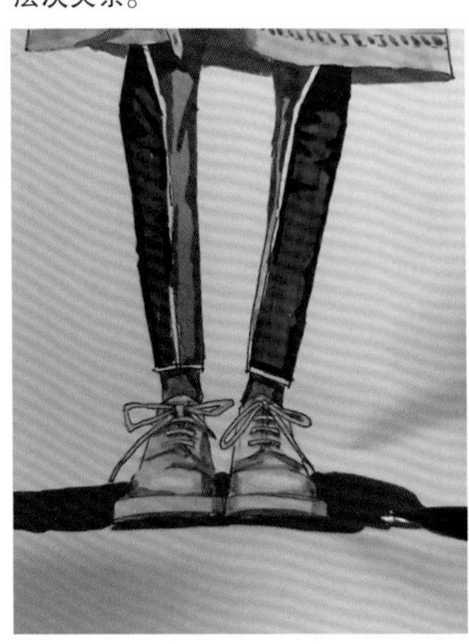

20. 用赭石色加熟赭色在脚的边缘，结合光源方向绘制投影色彩。

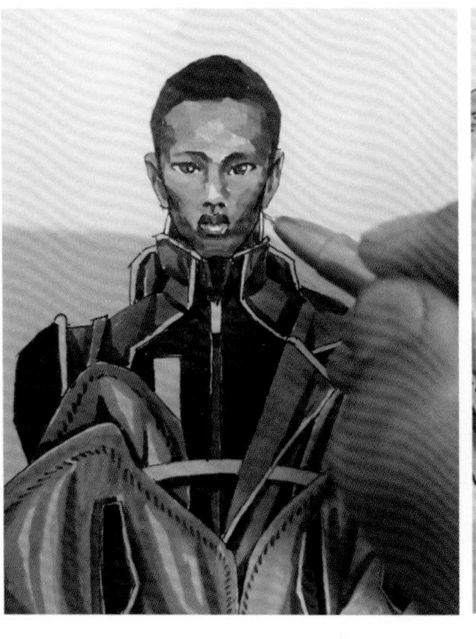

21. 用 0.5、0.8 勾线笔对整体造型及边缘线进行收拾、整理与刻画。

22. 用 0.5 勾线笔绘制服装的明缉线，然后用圆珠笔绘制服装款式图，撰写工艺及设计说明。

23. 稿件完成。

四、范例展示

图4-3-1~图4-3-3为范例展示。

图 4-3-1

图 4-3-2

图 4-3-3

第四节 马克笔技法表现

一、马克笔材料分析

马克笔又名记号笔，是一种书写或绘画专用的绘图彩色笔。马克笔本身含有墨水，通常附有笔盖，一般拥有坚软笔头。马克笔的颜料具有易挥发性，用于一次性的快速绘图，常使用于设计物品、广告标语、海报绘制或其他美术创作等场合。

1. 按笔头分可以分为硬笔头与软笔头。

（1）硬笔头，笔触硬朗、犀利，色彩均匀，适合塑造。

（2）软笔头，笔触柔和，粗细随力度产生变化，色彩饱满。

2. 按墨水分可以分为油性马克笔、酒精性马克笔、水性马克笔。

（1）油性马克笔，快干、耐水，而且耐光性相当好，颜色多次叠加不会损伤纸面。

（2）酒精性马克笔，可在任何光滑表面书写，速干、防水。主要成分是染料、变性酒精、树脂，墨水具挥发性。

（3）水性马克笔，颜色亮丽有透明感，但多次叠加颜色后会变灰，而且容易损伤纸面，用沾水的笔在上面涂抹的话，效果跟水彩很类似。

二、马克笔技法分析

1. 马克笔的基本笔触

一般用来勾勒轮廓线和铺排上色。方形端笔头使用时有方向性，一般用于铺画大面积色彩；圆形端笔头使用时无方向性，一般用于勾线、小面积绘制及刻画。

2. 马克笔绘制笔法（图4-4-1）

马克笔主要绘制笔法有平铺、叠加和留白。

（1）平铺：注意粗中细线条的搭配和运用，避免死板。

（2）叠加：一般是同种色彩加重，在前一遍颜色干透之后进行，避免叠加时色彩不均匀和纸面起毛。

（3）留白：反衬物体的高光亮面，反映光影变化，增加画面的活泼感。

图 4-4-1

三、马克笔表现基本技巧与步骤

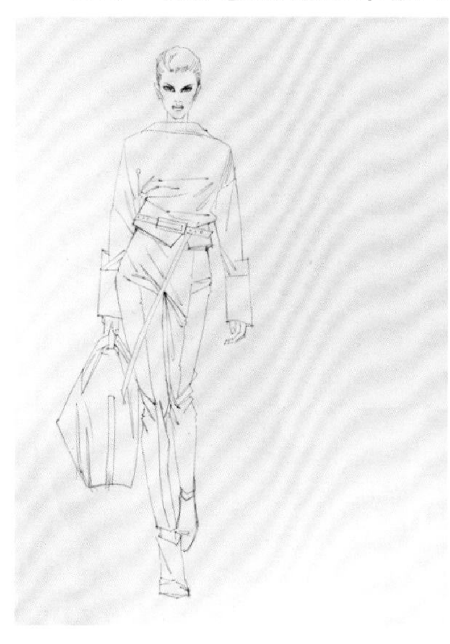

1. 在画面左侧画出铅笔稿，然后用圆珠笔勾勒好线稿，待圆珠笔稿干透后用橡皮擦除多余的铅笔线条。

2. 用 E172 号颜色绘制脸部的第一遍肤色，注意根据光源留出脸部的高光。

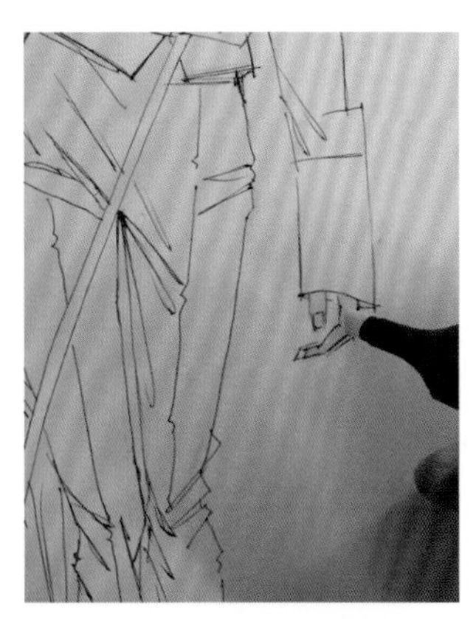

3. 同时用 E172 号颜色把左右两只手以及裸露在外的脚的肤色全部绘制好。

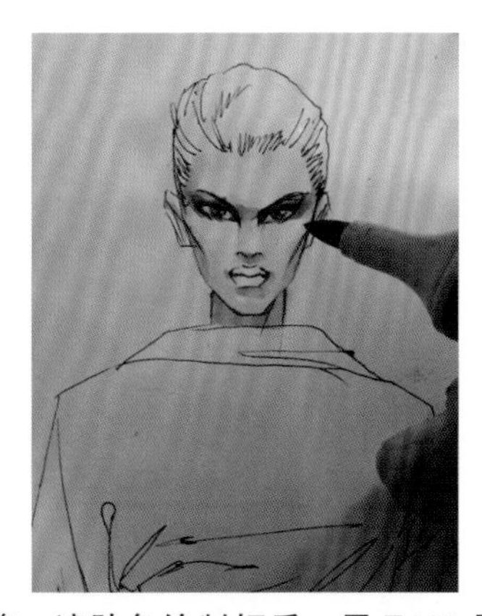

4. 待第一遍肤色绘制好后，用 E168 号颜色绘制肤色的暗部颜色如眼眶、鼻底、嘴下投影、脸两颊以及颈部投影等，然后用 E410 号颜色绘制眼睛的重色，用笔时注意颜色的衔接。

5. 以 Y3 号颜色用斧头端绘制头发的底色，笔法要与头发的走向一致，同时注意根据光源留出高光，体现头发的丝缕感。

6. 选用 Y5 及 YG7 号颜色绘制头发的暗部颜色，在绘制完头发颜色后绘制耳环的颜色。用 B236 号颜色绘制眼球颜色，在绘制眼球颜色时注意留出眼球的高光，并且在眼球背光位置绘制出透明感。在绘制时用笔要进行变化，小细节可以选用尖头进行绘制。

7. 用 R140 号颜色绘制嘴巴的上唇颜色，在绘制嘴巴时上唇色彩要略重于下唇色彩。用 R137 号颜色绘制下唇颜色，绘制时要根据嘴唇结构留出高光。为了体现脸部空间层次感，选用 E169 号颜色对脸部进行刻画。

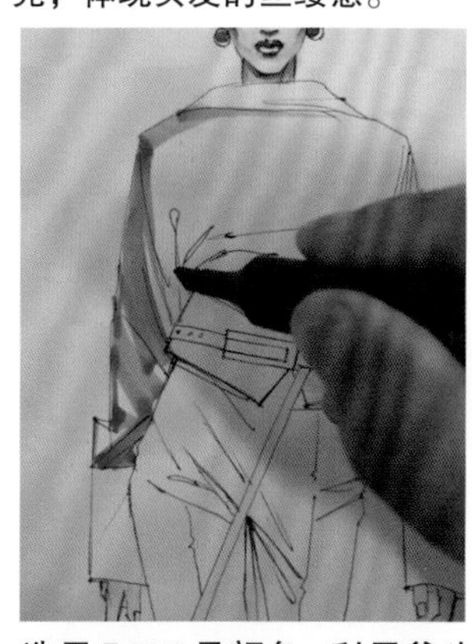

8. 选用 B237 号颜色，利用斧头端绘制左边袖子的颜色，在绘制时用笔走向要与衣纹走向一致，注意留出袖子的高光。

9. 选用 B237 号颜色绘制上衣其他区域的色彩，由于人体结构变化导致衣纹走向也产生变化，此时用笔也要产生变化，胸口用笔可以横扫。

10. 选用 BG107 号颜色在第一遍颜色的基础上压出服装的暗部颜色，用笔同样要根据衣纹走向来进行绘制，用笔要果断。

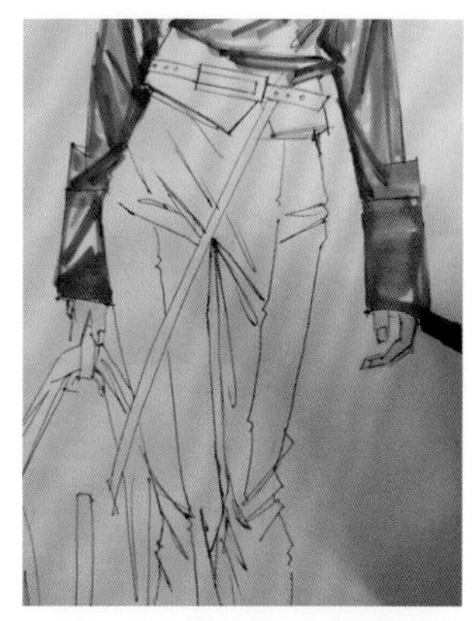

11. 用 WG6 号颜色绘制拼接撞色的袖子部分，注意留出高光。

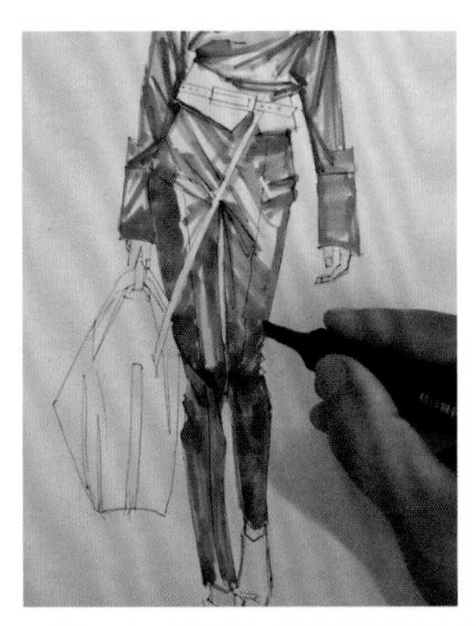

12. 用 WG6 号颜色绘制裤子的底色，在绘制裤子第一遍颜色时注意根据人体动态留出高光部分，为体现大腿与小腿之间的关系，膝关节以下的位置不要留高光。

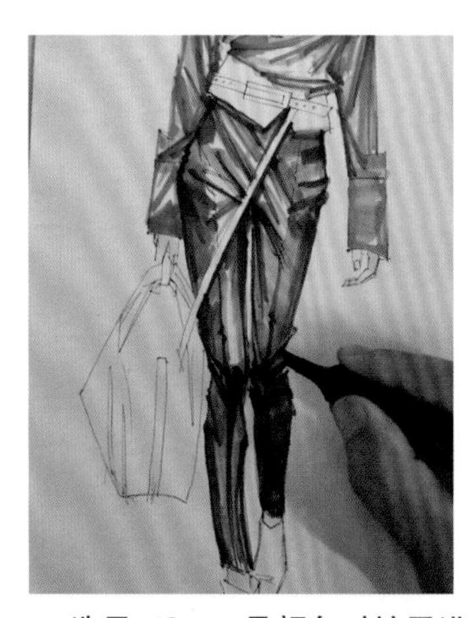

13. 选用 YG265 号颜色对裤子进行刻画，刻画重点是大腿内侧、裤纹、膝关节、裤腿上的明暗交界线位置。

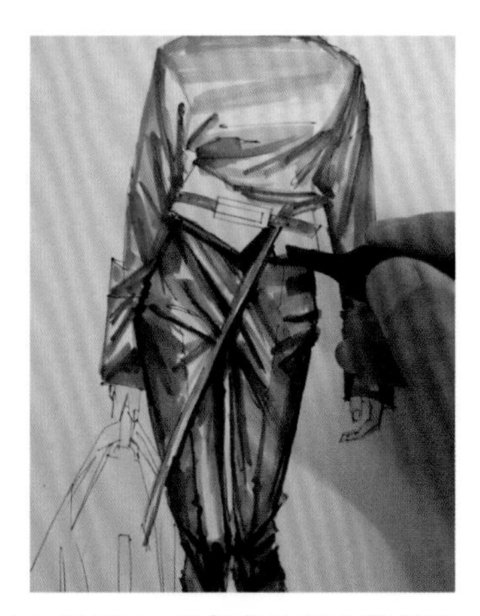

14. 用 Y101 号颜色绘制皮带色彩，由于皮带宽度比较窄，所以用笔时要小心，不要画到皮带以外的区域。

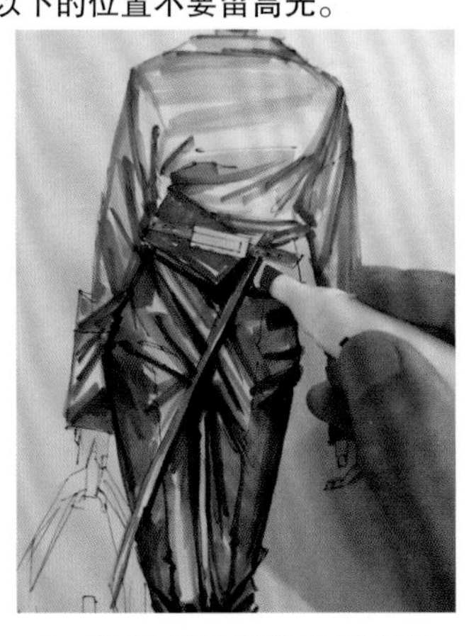

15. 选用 R24 号颜色绘制腰封的第一遍颜色，为了体现出空间层次同样要留出高光。

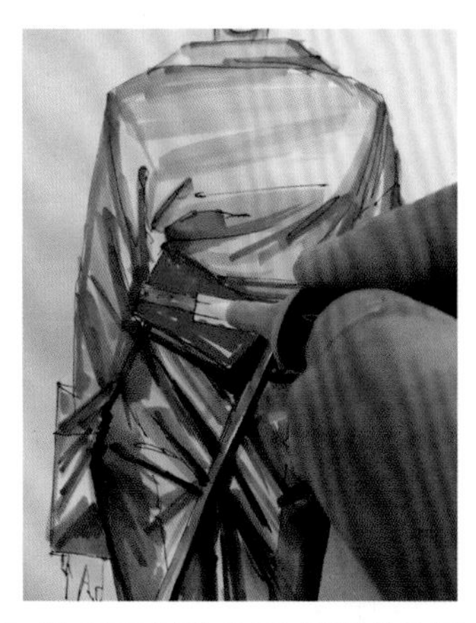

16. 用 CG5 以及 CG8 号颜色绘制皮带头的金属质感，第一遍浅色可以用斧头端绘制，第二遍深色要用尖头绘制。

17. 根据鞋子结构用 R15 号颜色绘制鞋子的固有色。为了体现皮质感，根据光源方向留出高光，然后用 R140 号颜色绘制鞋子的暗部颜色。

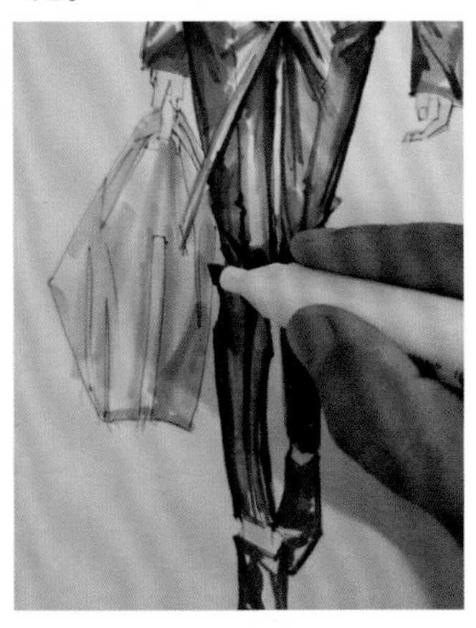

18. 用 WG3 号颜色绘制包的第一遍颜色，在绘制时要根据包袋结构留出高光。

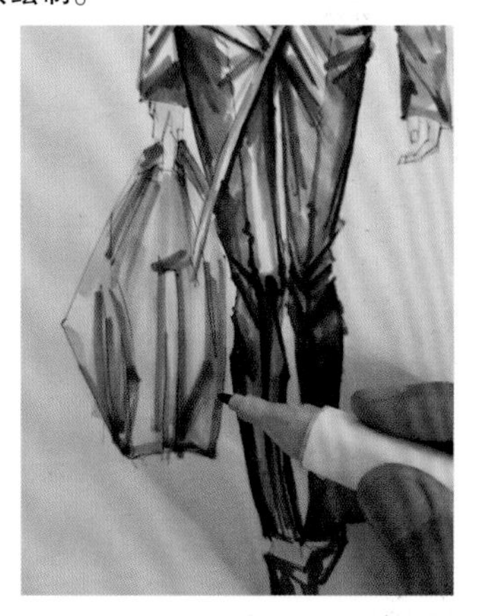

19. 用 WG7 号颜色绘制包的暗部颜色，在绘制时用笔要有变化，同时要用在包袋的结构线上。

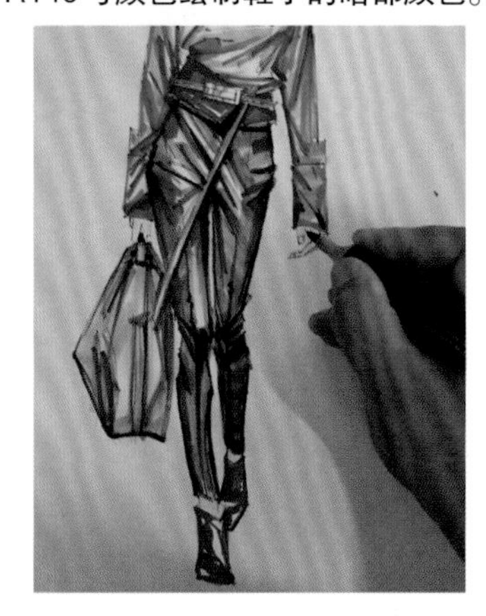

20. 用 E164 号颜色绘制右、左边手由于袖子遮挡所产生的投影，为了用笔的准确性，可以选用尖头进行绘制。

21. 用 0.5 高光笔绘制左侧口袋上的拉链。

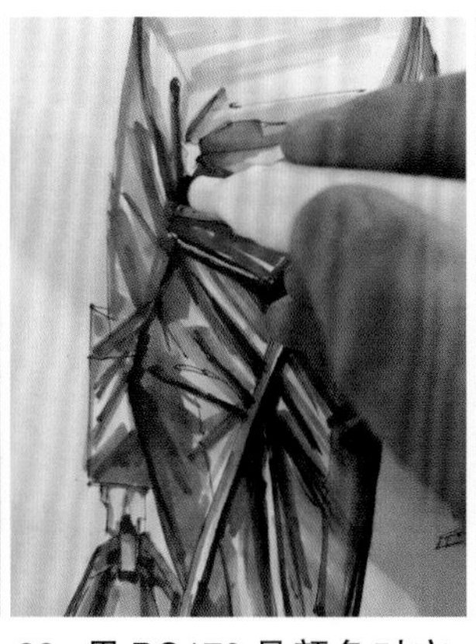

22. 用 BG170 号颜色对衣服进行进一步的刻画。

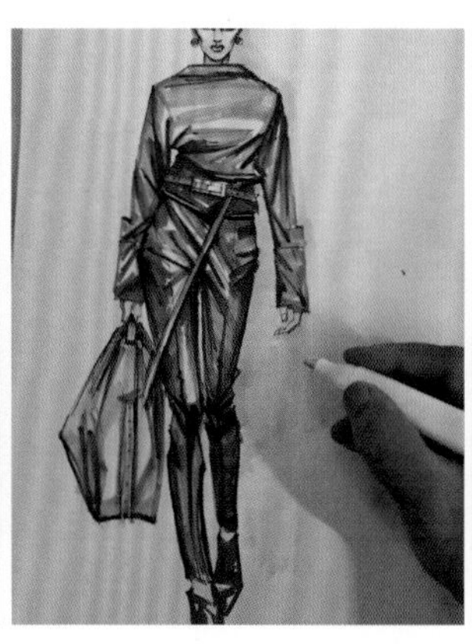

23. 待主体对象绘制完成后，选用 Y3 号颜色用宽斧头端绘制背景颜色，用 E20 号颜色绘制投影。

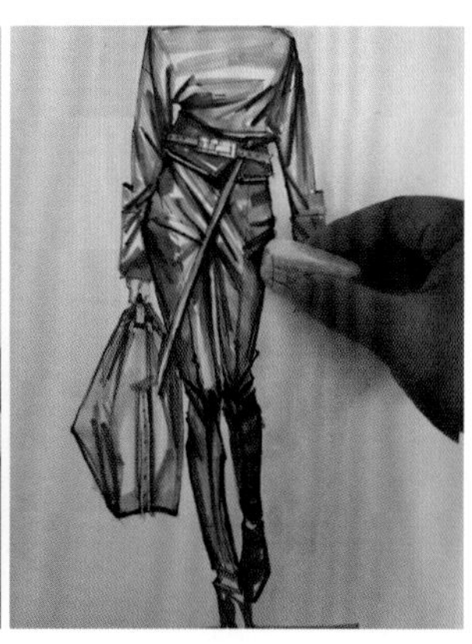

24. 进行最后调整，用橡皮擦除留在画稿上的铅笔线条，然后绘制款式图。

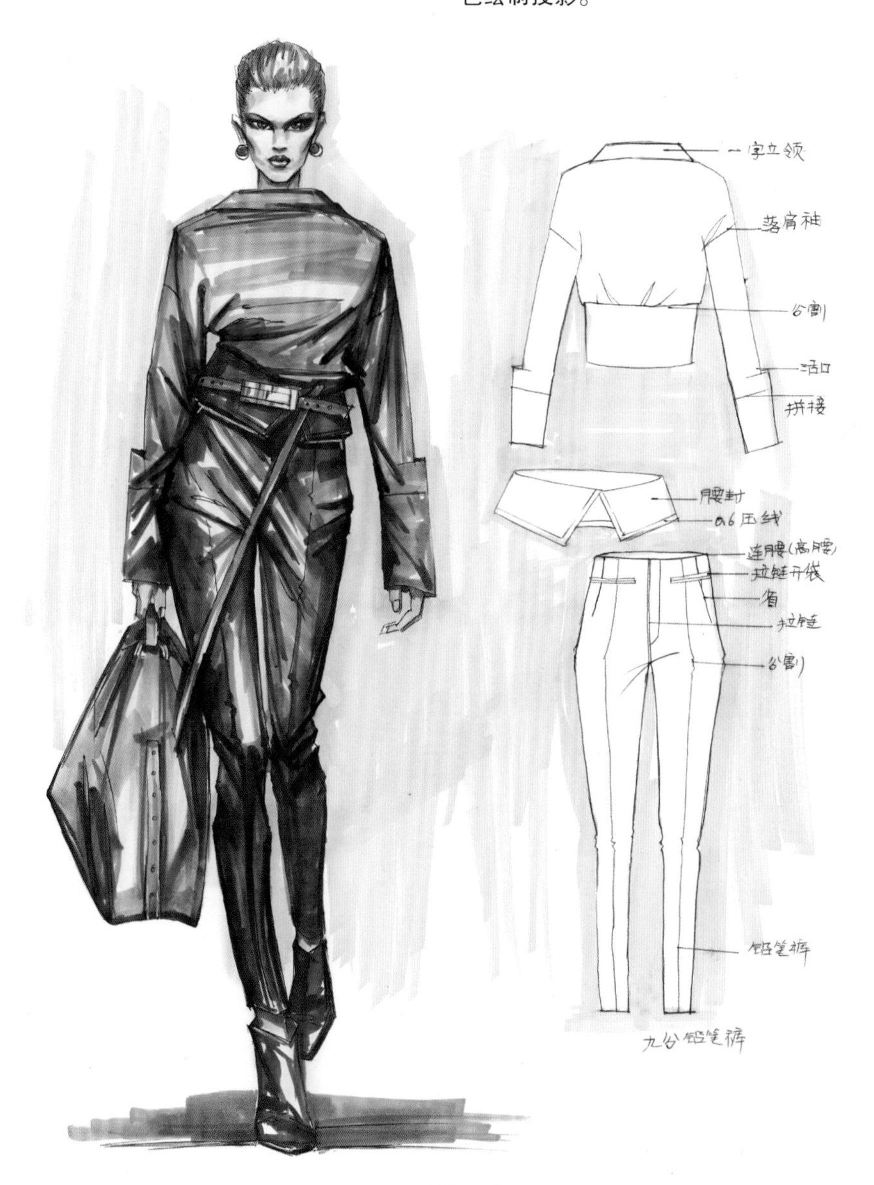

25. 稿件完成。

四、范例展示

图4-4-2~图4-4-6为范例展示。

图 4-4-2

图 4-4-3

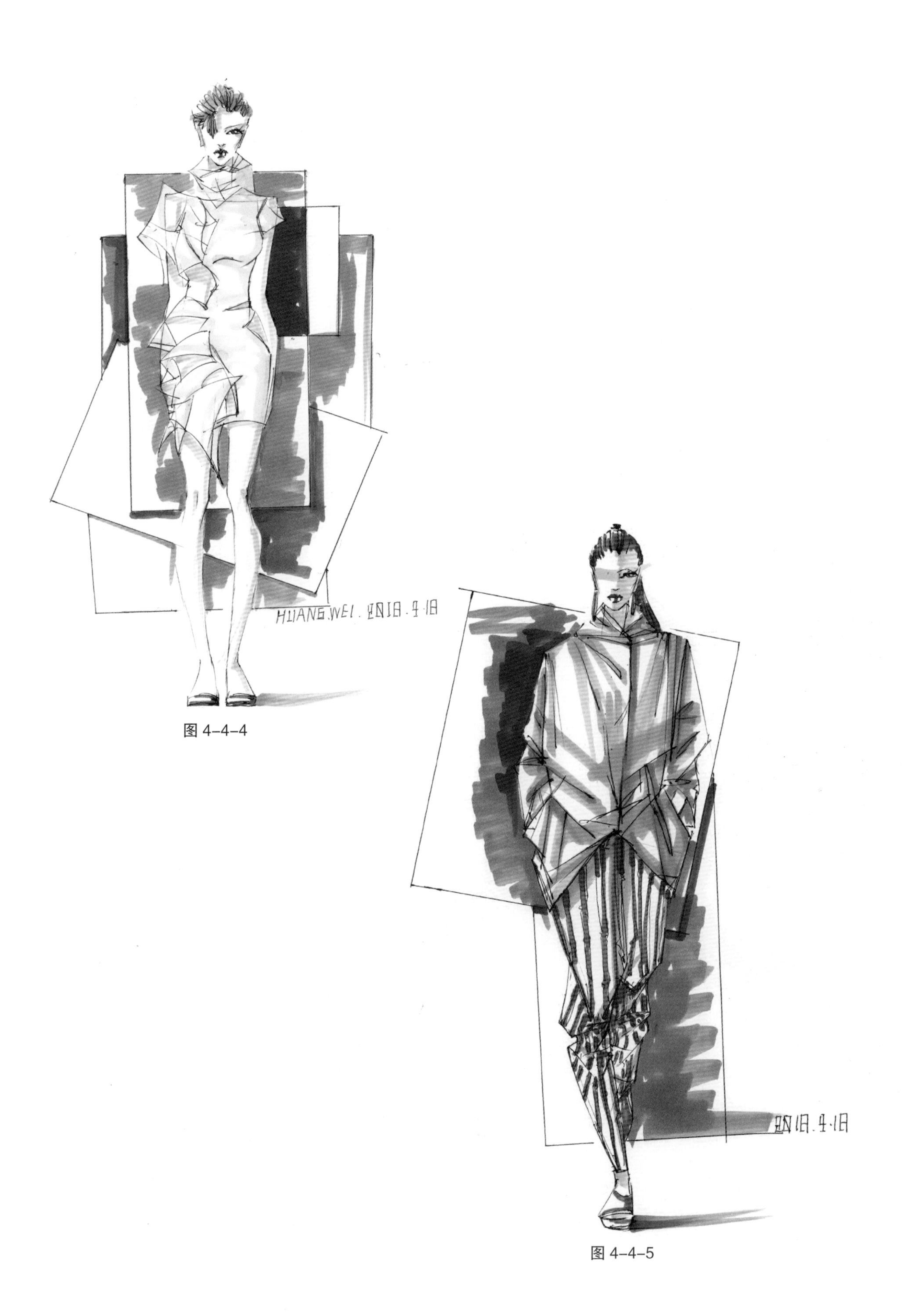

图 4–4–4

图 4–4–5

图 4-4-6

课后建议练习

1. 收集各种不同绘画材料所绘制的时装画50张。
2. 用每种绘画材料临摹3~5张（8开）。
3. 结合实物图片资料，自行选用不同绘画材料，进行时装画绘制10张（8开）。

第五章 服装画中各种面料质感表现

学习目标：指导学生通过服装画中不同面料质感表现，掌握不同的材料、方法及技巧表现不同面料质感的基本技能，同时通过相关的服装造型及面料练习来感受服装面料的应用美学，让理论知识和练习互相促进，既培养学生的设计表现能力，又使学生具有一定的绘画能力。

学习要求：1. 了解各种服装面料的质感。

2. 理解各种服装面料绘制规律。

3. 掌握各种服装面料的绘制技巧与方法。

学习重点：掌握各种服装面料的质感表现。

学习难点：灵活运用不同绘画材料绘制各种服装面料并表现其质感。

面料是服装的载体，服装设计是通过面料这一物质媒介来体现的。了解面料的特点是首要的，也是十分必要的。只有这样，才能使自己的设计理念得到最充分的诠释。在时装画的技法表现中，需要根据不同面料质感来绘制线稿，不同面料肌理、厚薄、图案要根据其特征选用不同的绘画材料与技法进行绘制。下面对市场常见的面料品类基本表现技巧进行分析。

第一节 牛仔面料表现技法

一、牛仔面料特征

牛仔服原是十九世纪美国人为应付繁重的日常劳作而设计的一种作业服。该面料最常见的颜色当属蓝色，此外又有黑色及其他色系灰色等色彩。

特点：磨砂洗水、撞钉、车线、纽扣。

二、牛仔面料基本表现技巧与步骤

表现牛仔面料需要着重表现面料的厚重感和粗斜纹肌理（粗棉布类面料可以用牛仔面料技法进行表现），一般水粉、水彩、彩色铅笔等材料表现效果佳。

1. 用铅笔绘制线稿。

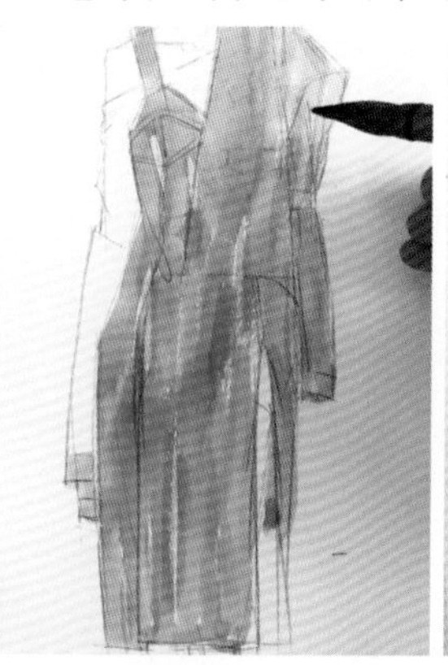

2. 用橡皮减淡铅笔线稿，只留下淡淡印迹即可，注意不要擦破纸面。然后调节牛仔面料固有色，注意笔头颜色的饱和度要小，控制为水少色少，在绘制时能产生大量的飞白效果，模拟磨砂洗水及粗布纹理效果。

3. 用中黄色调和清水画头发底色。

4. 用深绿色调和清水，画出打底服装的底色，注意边缘线的控制。

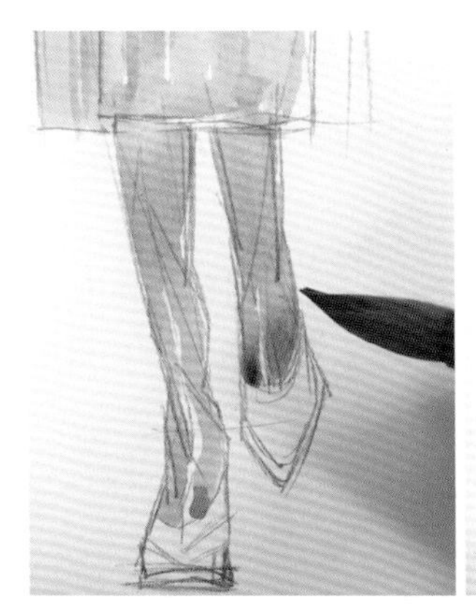

5. 用灰色调和清水绘制靴子黑色部分的底色，根据靴子结构留出条状高光。

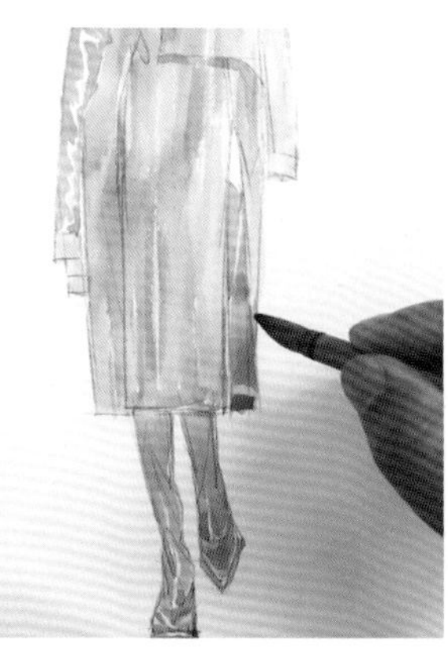

6. 同样用灰色调和清水，绘制牛仔服的底布颜色。在绘制底布颜色时，根据衣纹褶皱感留出高光部分。

7. 选用朱红、柠檬黄色加清水调和肤色，绘制人物底色。

8. 趁画纸半干，用清水调和赭石色绘制肤色的暗部色彩。注意用笔要跟随人体结构走向进行变化。

9. 待第一层牛仔颜色干透后，调和更深的颜色来加强暗部褶皱。注意下笔要利落，表现出面料厚度与质感，用笔走向要跟随衣纹走向，同时注意尽量留出飞白效果。

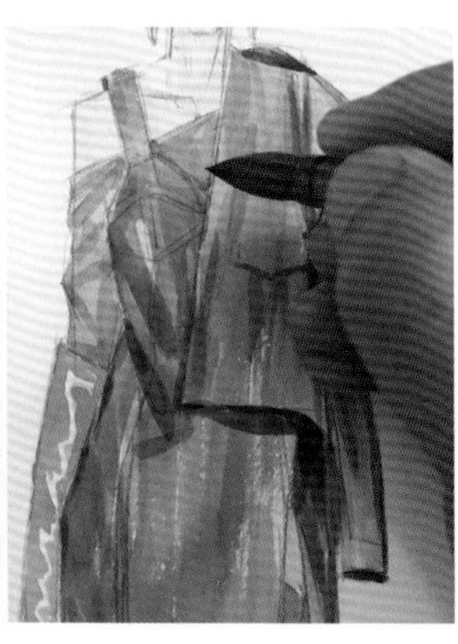

10. 深绿色与清水调和，在调和过程中通过控制水分改变色彩明度来绘制打底衫的暗部色彩。

11. 黑色调和清水刻画牛仔里布。

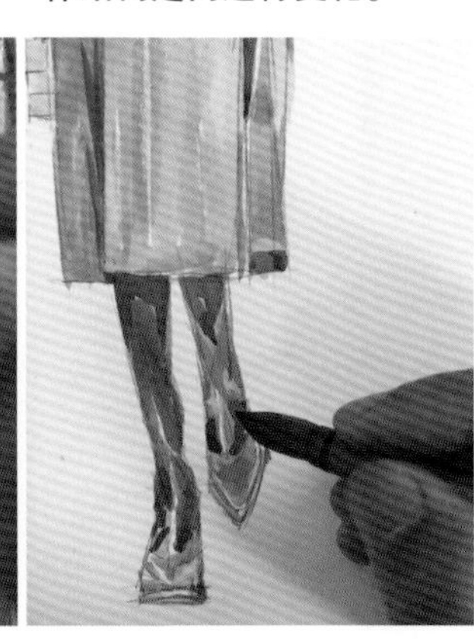

12. 选用深灰色加深靴子的褶皱。

13. 用肤色勾线笔强调人物结构。

14. 待绘制的所有色彩干透后，用橡皮擦除留在画面上的铅笔线条。

15. 用 0.5 高光笔绘制牛仔服的缉线工艺，加强牛仔面料特征。

16. 用 0.5 勾线笔刻画靴子，加强靴子的结构感与质感。

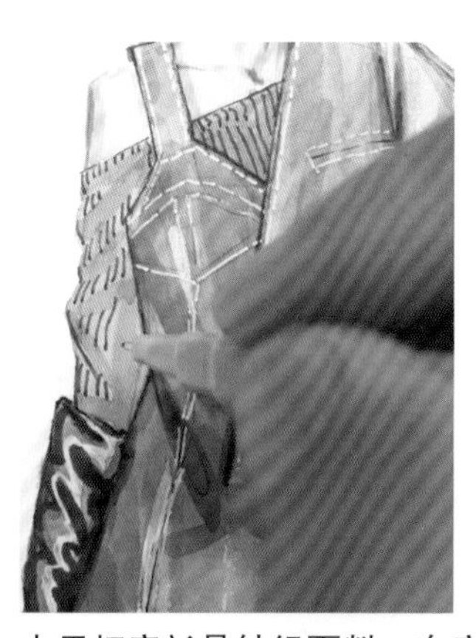

17. 由于打底衫是针织面料，在底色的基础上选用深绿色的勾线笔绘制针织的纹路感。同时注意深绿色由于衣纹变化所产生的色彩变化。

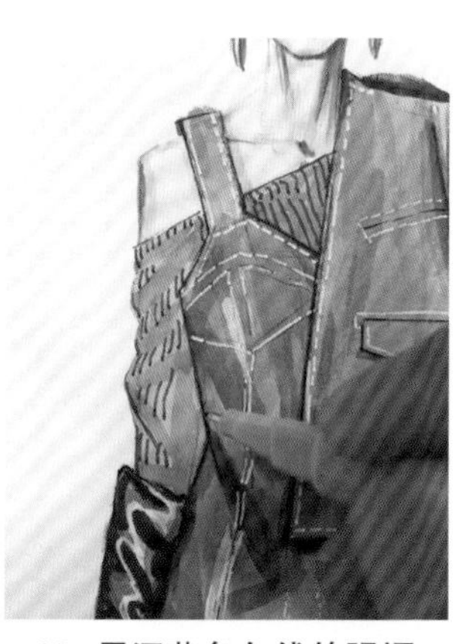

18. 用深蓝色勾线笔强调牛仔的轮廓。

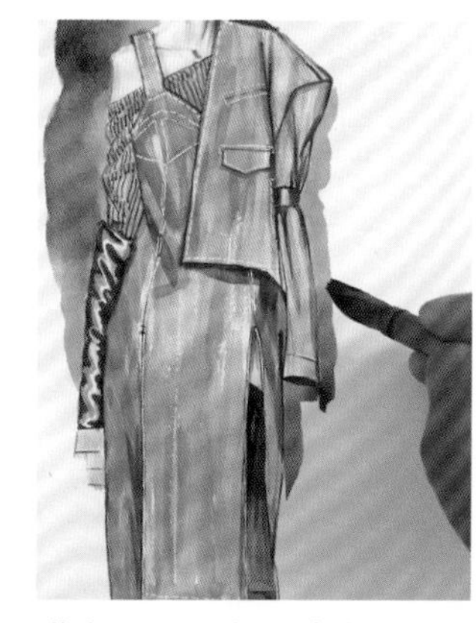

19. 紫色调和黑色加清水来绘制画面的背景色彩。在绘制背景色彩时画笔色彩要饱和，同时第二笔要接着第一笔的颜色进行晕染绘制。然后再绘制款式图及撰写说明，完成画稿。

20. 画稿完成后效果。

第二节 毛皮面料表现技法

一、毛皮面料特征

毛皮材料可分为动物毛皮和人造毛皮两类。动物毛皮常由羊、兔、狐、獭、貂等动物的皮茎带毛革鞣制而成。各种动物及人造毛皮有一定的蓬松感，手感较好，装饰性强。人造毛皮可以模拟各种动物的毛皮，但光泽度较天然毛皮低。

特点：蓬松、绒密、手感光滑、柔软。

二、毛皮面料基本表现技巧与步骤

各种动物毛皮会有细微的差别，在绘制时可以根据具体特征进行调整。毛皮服装效果图的关键是描绘毛的质感，可在暗部与亮部之间着重刻画毛的质感，也可在暗部用亮色描绘毛的绒感，或者在亮部用深色体现毛的质感。除了用大小毛笔工具以外，还可用化妆笔来撇丝。

1. 绘制铅笔线稿，在表现毛皮面料时可根据面料特征选用短线条结合毛峰走向呈辐射状进行绘制。

2. 中黄、赭石色加清水绘制头发底色。赭石色加清水绘制肤色底色，注意留出鼻尖的高光及眼镜、嘴巴未绘制的区域。

3. 选用深红色加少许的赭石色绘制上唇的颜色。深红色加清水减淡其明度绘制下唇色彩，同时根据下唇结构留出高光。

4. 玫瑰红色加水，笔头水分控制为色少水多，绘制墨镜的第一遍颜色。趁水未干渲染墨镜颜色，使镜片下部颜色浅上部颜色深，同时加入少量紫色绘制在镜片的上部，但要注意色彩的衔接。

5. 用黑色调和清水绘制眼镜框颜色，在绘制眼镜框颜色时注意根据光源方向留出高光，笔头要色多水少，以免色彩外渗。

6. 蓝色、黑色加清水调和铺出毛皮服装的底色，在铺底色时注意根据毛皮峰走向留出高光。

7. 控制好水的比例使色彩明度变深，绘制毛皮服装的暗部。

8. 减少笔头的水分，根据毛峰变化用小号水彩笔来撇丝，绘制毛质感。

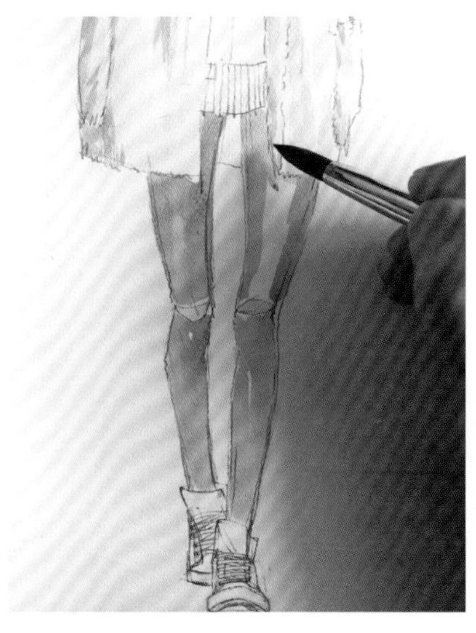

9. 调和出牛仔裤色彩，绘制其底色。

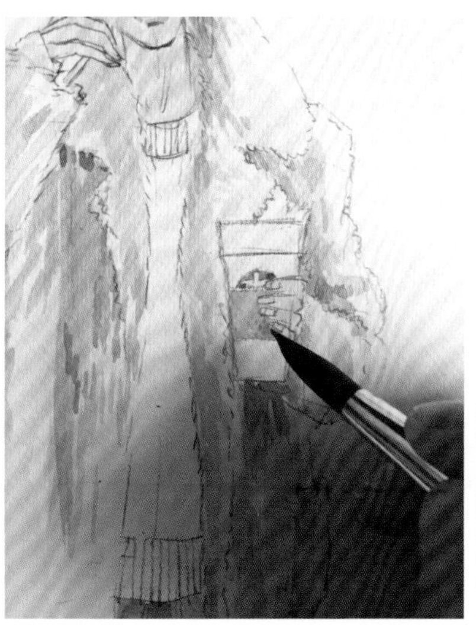

10. 绘制饮料杯色彩。

11. 绘制打底针织衫色彩。

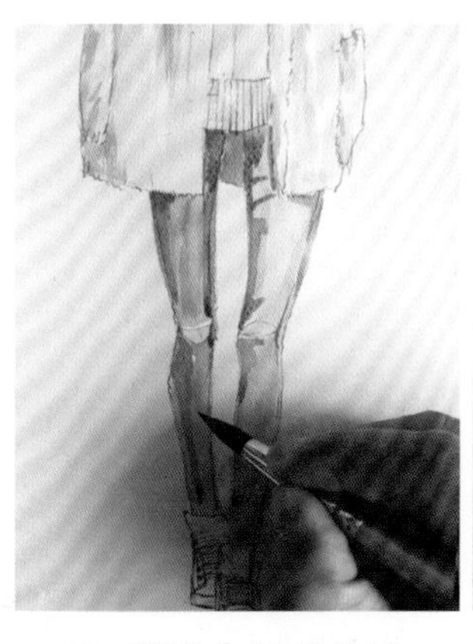

12. 调出牛仔裤的暗部色彩，根据裤子的衣纹走向刻画裤子，衔接好亮部与暗部的颜色。

13. 绘制鞋子色彩，注意鞋底的色彩要稍重一些。

14. 根据光源方向刻画头发、人物肤色、裸露的膝盖等。

15. 待所有绘制色彩干透后，用橡皮擦去画面上的铅笔线条。

16. 调和黑、蓝色刻画脸部周围服装的暗部色彩，突出人物脸部。

17. 同样选用黑、蓝色调和绘制毛皮服装的暗部颜色，加强服装的空间层次感。

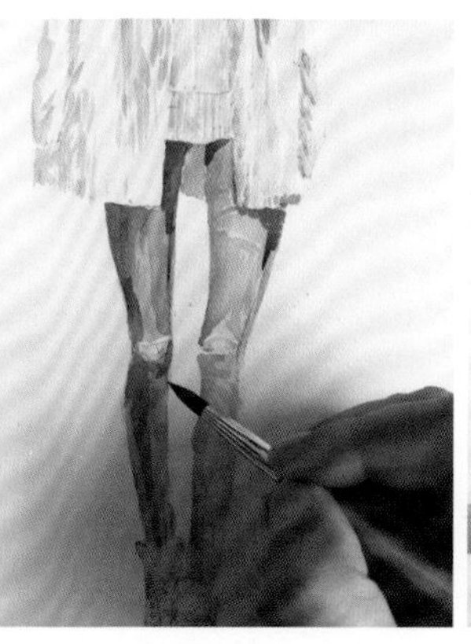

18. 再次刻画裤子。

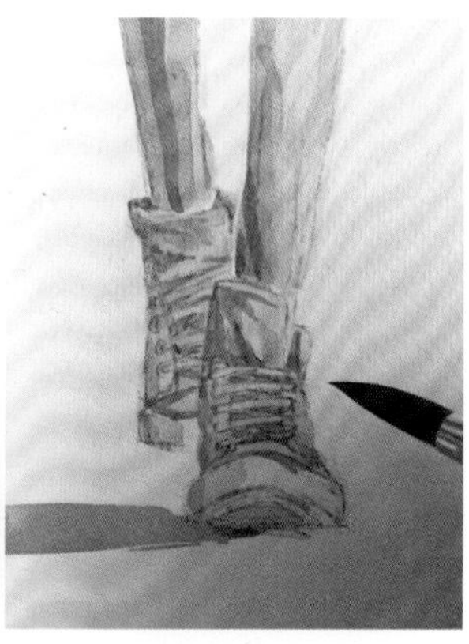

19. 用深绿色刻画鞋子，注意留出鞋带位置。

20. 用朱红色加大量的清水渲染背景颜色，服装边缘位置要色多水少，远离服装位置的水分要逐渐增加。

21. 用手揉搓带有色彩的笔头，使笔头产生齿状，然后根据毛峰方向进行扫绘。

22. 结合明暗关系，改变笔头颜色进行多次扫绘，然后绘制款式图，撰写说明，完成画稿。

23. 画稿完成后效果。

第三节 皮革面料表现技法

一、皮革面料特征

皮革面料分为两种：一种是动物皮革，如羊革、蛇革、猪革、马革、牛革等，根据兽皮在动物身上分布的位置不同分别制成光面革和绒面革；另一种是人造革，以聚氯乙烯、锦纶、聚氨基树脂等复合材料为原料，涂敷在棉、麻、化纤等机织或针织底布上，制成类似皮革的制品。

特点：光滑、细腻、柔软而富有弹性。

二、皮革面料基本表现技巧与步骤

光面皮革高光强烈，绒面表面为哑光。另外，皮革面料比一般的纺织面料要厚，所以在衣纹转折表现中要稍微表现得圆润些，在绘制时只要表现出这些特点，基本就可以表现皮革面料的材料质感。

利用水粉颜料覆盖能力强的特点，用白色提亮很适合表现光面皮革。水彩、水性麦克笔的滑爽及透明的特性来表现皮革也很适宜。

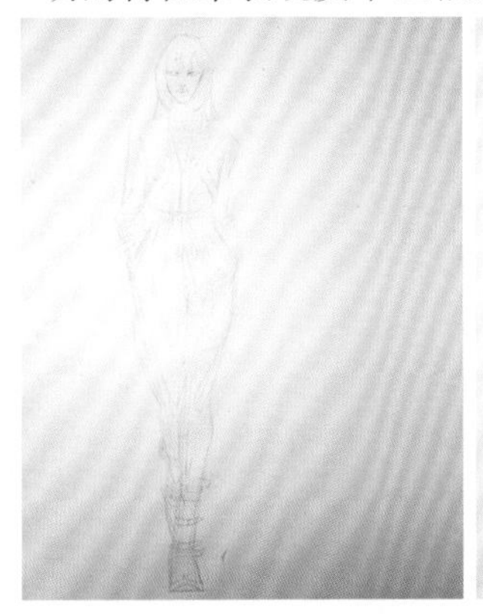

1. 用铅笔绘制着装线稿，为了体现面料质感，在衣纹转折处要稍微表现得圆润些。

2. 赭石色加清水绘制头发底色。柠檬黄、朱红色、清水不同比例调和绘制人物第一遍肤色。

3. 刻画人物眉毛与眼球。绘制眉毛时眉头粗而重，眉梢细而淡。选用深红色绘制上唇色彩，朱红色加清水绘制下唇色彩，同时要在下唇留出高光。

4. 待画纸略干，按头发的丝缕感画出第二层次，注意不要将底色完全遮盖掉，要形成深浅层次变化。

5. 用黑色加清水绘制上身的服装色彩。在绘制时要根据服装的褶皱感留出高光，褶皱处的高光碎且对比强烈，同时根据光线进行变化，形成明暗的丰富对比。

6. 同样选用黑色加清水绘制裤子色彩，根据裤子的褶皱感留出高光。为体现面料厚度，褶皱转折处要处理圆顺。

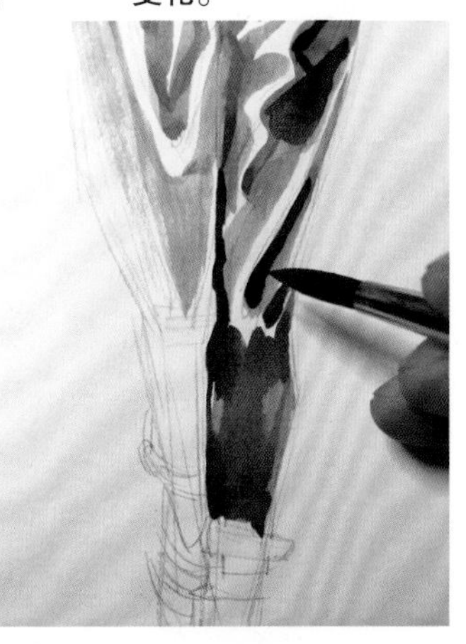

7. 减少水的比例使笔头颜色变深，加深服装的褶皱。用笔要干脆且有力度，对比强烈，增加光感。

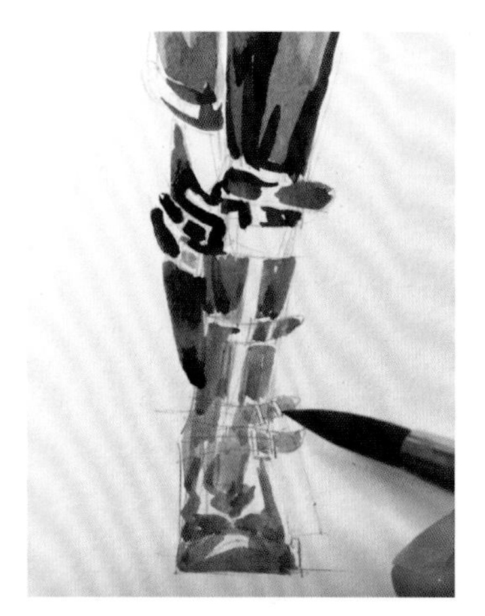

8. 绘制靴子的第一遍色彩，同时根据光源留出高光。

9. 对上身服装进行刻画，主要加强亮部与暗部的对比度形成光感，同时处理亮度与暗部的对比，形成多层次变化。

10. 选用黑色画出服装的最深色彩。

11. 刻画人物五官及妆容。

12. 用深棕色加强头发的层次感。

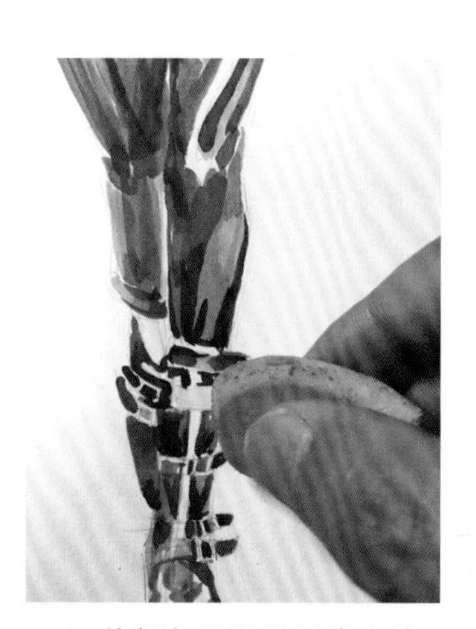

13. 待颜色干透后用橡皮擦去画稿上的铅笔线条。

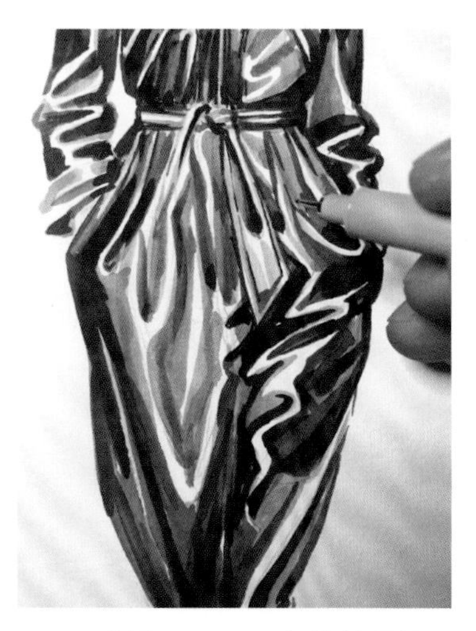

14. 选用 0.5、0.8 勾线笔强调服装的款式以及收拾边缘线。

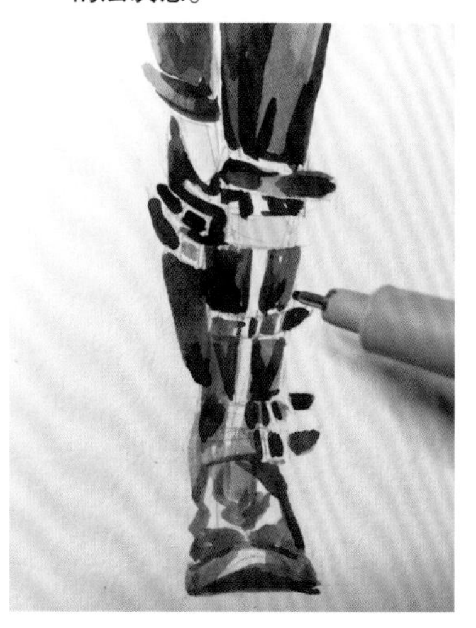

15. 用 0.5 勾线笔刻画鞋子造型。

16. 对画面进行最后调整，调整完后用橡皮擦除画面上所有铅笔线条，然后绘制款式图及撰写说明，完成画稿。

立领
肩袢宽3cm
门襟装拉链
装回字扣
分割压0.5明缉线
拉链装饰袋
分割
工字褶
斜插袋
连上衣拉链
贴片
袖袢2.5cm
腰节断开,
拉链止口
腰带4.5cm
贴袋
压0.5cm
缉线
分割压
0.5cm缉线
分割压0.5
cm缉线
脚口裤袢
宽2.5cm
2019.3.31

17. 画稿完成后效果。

第四节 填充类面料表现技法

一、填充类面料特征

面料填充是指为了使服装具有保暖性或达到某种造型效果，在服装面料夹层内加入填充物。一般填充物有棉质填充物与羽绒填充物。

填充面料主要的特点是绗缝工艺的应用，一方面将填充物固定在服装中，另一方面将绗缝作为服装装饰的一部分。绗缝线附近会形成一定的自然褶皱。

特点：光滑、绗缝、碎褶、对比强烈且具有厚度。

二、填充类面料基本表现技巧与步骤

填充类面料表现主要有三个方面：第一方面是绗缝产生的褶纹；第二方面是填充物隆起所产生的明暗；第三方面是面料质感（填充类面料一般具有防水性，所以面料比较光滑）。我们只要大致表现好褶纹规律与面料的光滑感，基本上就可以体现填充类面料的特征。

1. 用2B铅笔绘制铅笔稿，然后用0.2的针管笔勾勒线稿。在线稿勾勒时表现好由于填充物所产生的褶纹，最后用橡皮擦去多余的废线条。

2. 用马克笔的肉色绘制第一遍肤色，在铺第一遍颜色时注意留出高光，主要绘制固有色。

3. 用浅棕色绘制人物头部的暗部颜色，先要考虑好光源方向，然后再进行绘制，绘制的位置主要有眼窝、鼻梁、下巴、喉结以及服装遮挡所产生的投影。笔的用法主要与人体结构走向一致。

4. 用同样的方法绘制腿的暗部颜色，以及服装遮挡所产生的投影位置等。

5. 绘制头发、嘴巴、眼球与眉毛的颜色。在绘制眼球时，注意留出眼球的高光以及背光部分的透明感。

6. 选用浅绿色，绘制内搭服装的第一遍颜色，并且留出纸白作为高光，用笔的走向与服装结构、衣纹走向线一致。

7. 选用深绿色在第一遍颜色的基础上绘制出帽子的暗部颜色。

8. 在绘制帽子颜色的同时，把整件衣服的颜色一并绘制出来，同时注意服装之间上下层的空间关系。要着重表现上层服装对下层服装遮挡所产生的明暗色块。

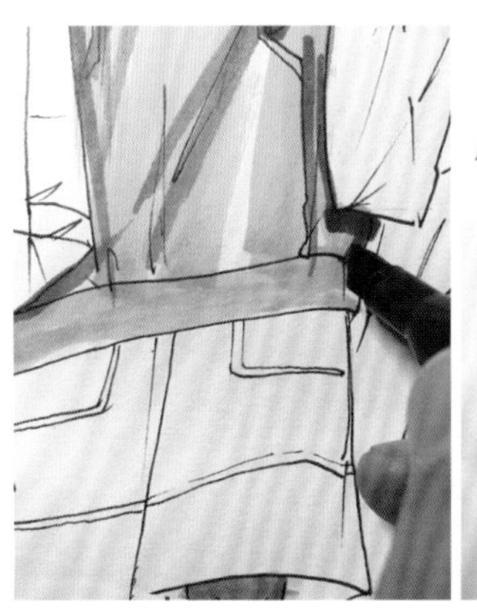

9. 为了加强服装的空间关系，加重下层衣服的暗部颜色。

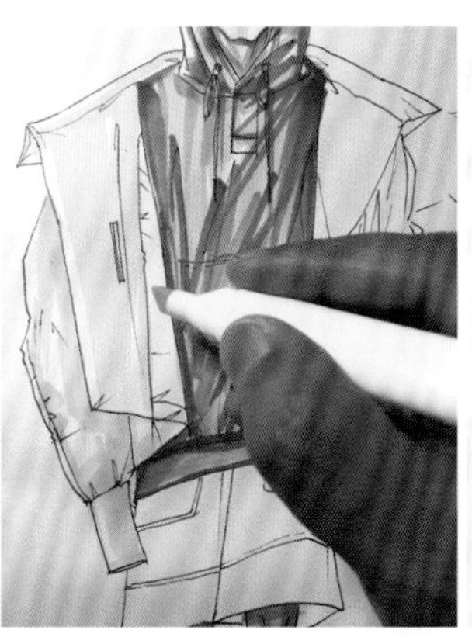

10. 选择柠檬黄色用宽笔头大面积绘制填充面料外套的第一遍颜色，在绘制时注意由于绗缝所产生的衣纹变化，同时要留出高光位置，用笔走向与衣纹一致。

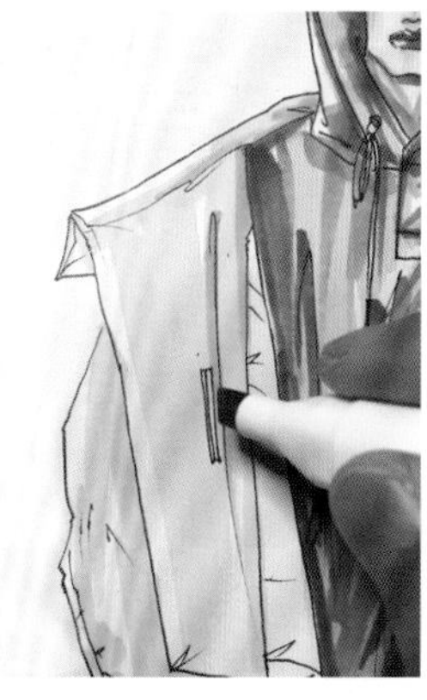

11. 选用中黄色绘制外套的暗部颜色，让面料具有填充起伏感。

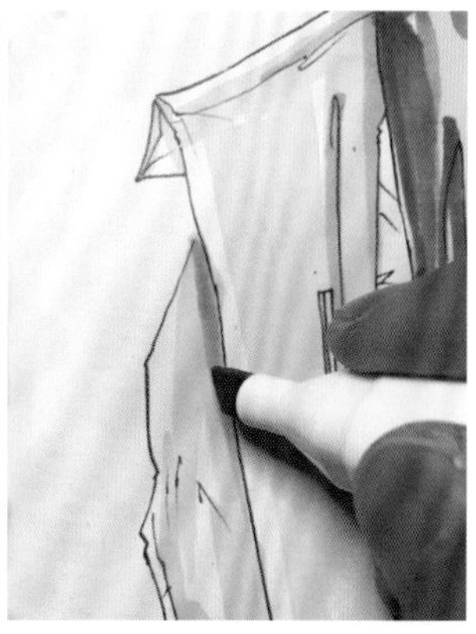

12. 同样用中黄色绘制袖子的暗部颜色，拉开袖子与领子的空间距离。

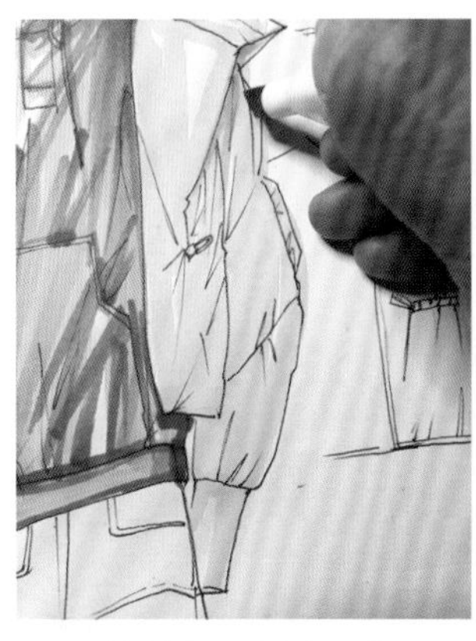

13. 绘制另一侧由于领子遮挡在袖子上产生的投影。

14. 重点刻画填充面料外套，在刻画时重点突出填充物与绗缝工艺所产生的起伏感，同时强调衣片之间的空间关系。

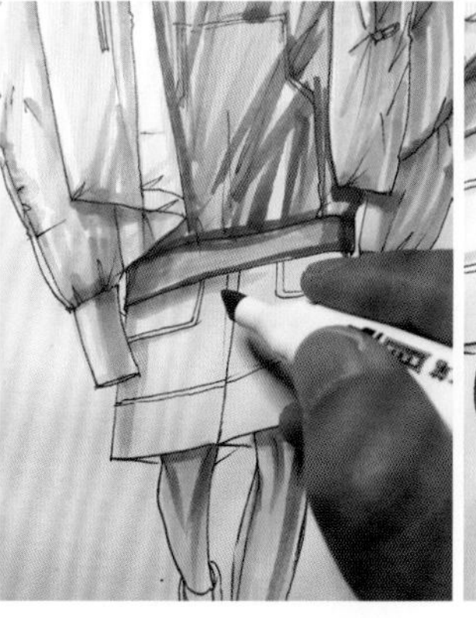

15. 加重短裤的暗部颜色，重点突出短裤与上衣的空间关系。

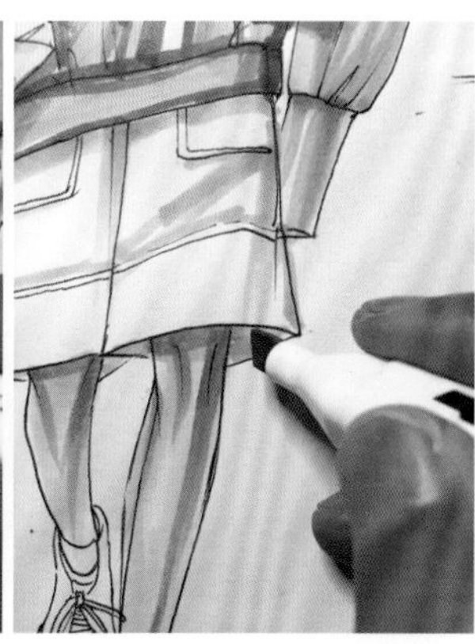

16. 绘制裤脚后片的暗部色彩。

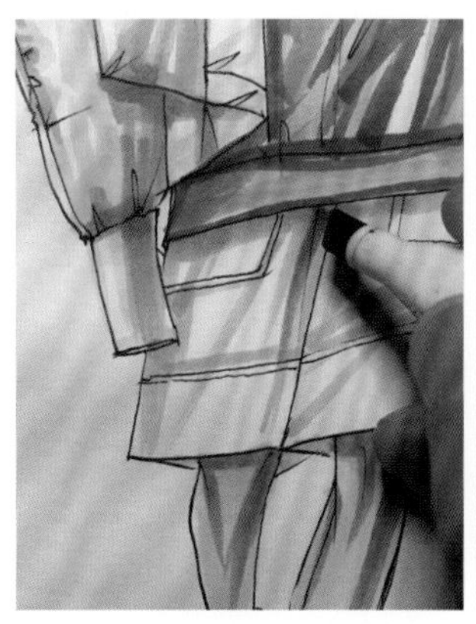

17. 加深裤子衣纹的颜色，使裤子颜色与线稿的黑色相融合。

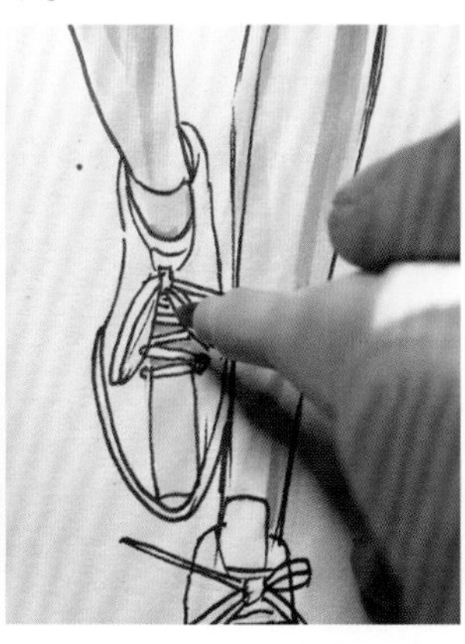

18. 绘制鞋面固有色，注意留出鞋带的位置。

19. 对鞋子进行整体刻画与调整后再绘制投影，但主要注意光线的统一性。

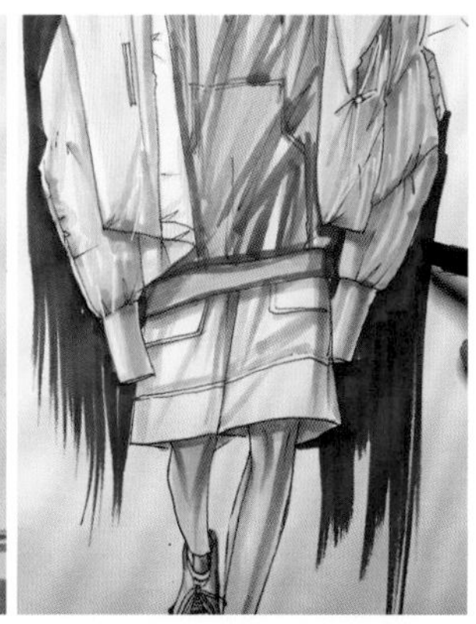

20. 用群青色马克笔宽大笔头平刷背景颜色，然后对整张图进行刻画调整。最后绘制该套服装的款式图，写好工艺说明以及标好各参数，完成画稿。

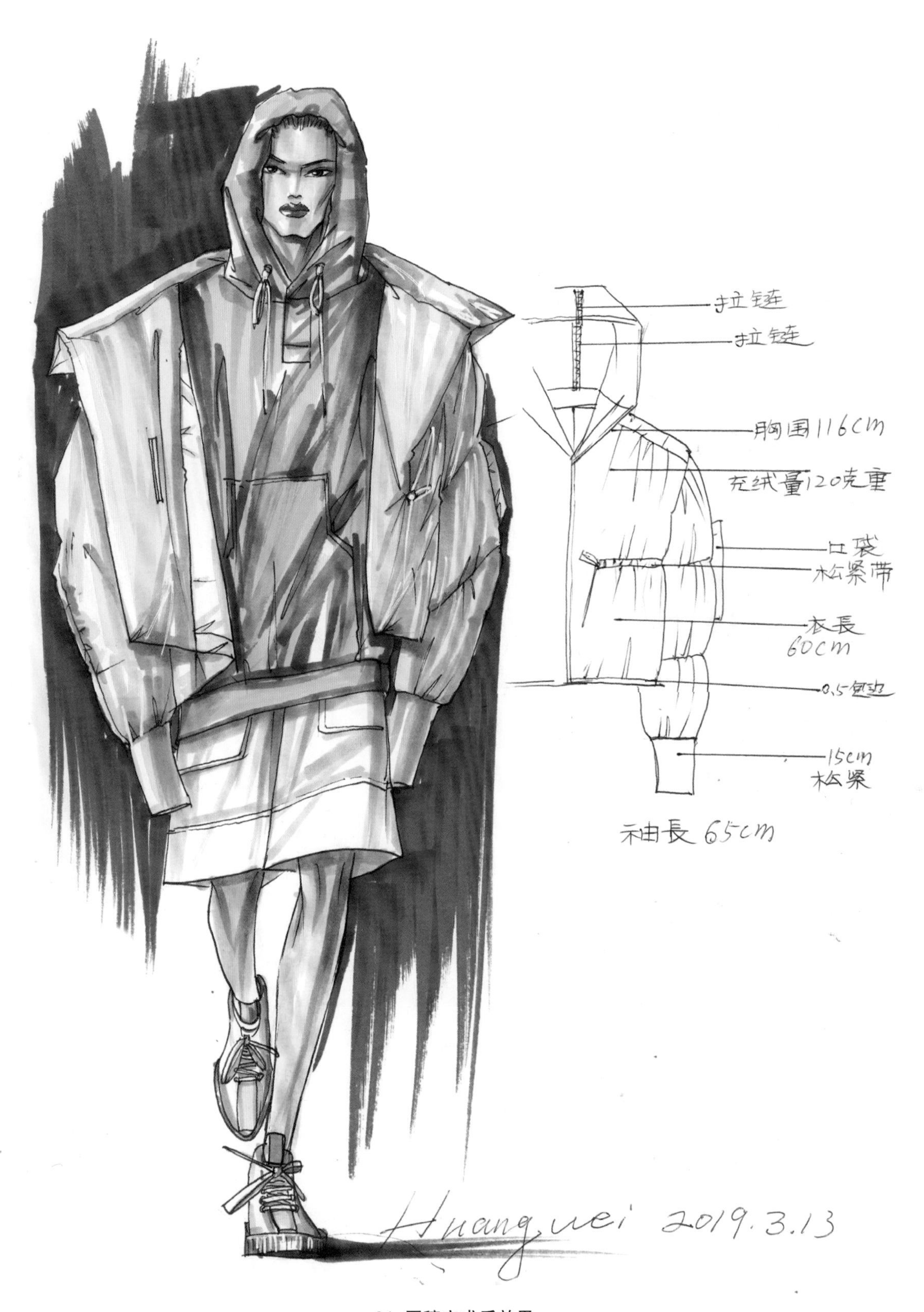
拉链
拉链
胸围116cm
充绒量120克重
口袋
松紧带
衣長
60cm
0.5包边
15cm
松紧
袖長65cm
Huangwei 2019.3.13

21. 画稿完成后效果。

第五节 针织面料表现技法

一、针织面料特征

针织品类中常见的为线类编织，线类材料经过编织组合形成各种花样制品而称为编织品。编织可分为钩针编织、棒针编织、阿富汗针钩织和流苏编织等。编织的基础花样大体可分为几何方格、条格和自由花形、规则花形，也可以是两者结合起来的花形。除此之外，还有根据流行和个人喜好编织各种凹凸起伏的纹理，编织的范围及用途极为广泛。

特点：伸缩性强，质地柔软，吸水及透气性能好。

二、针织面料基本表现技巧与步骤

针织面料的表现主要体现其中的花纹及凹凸起伏的纹理感。针织物的结构明显区别于梭织物，其纹路组织更为明显。可在织纹和图案上下功夫，使其产生立体效果，如常见的“马尾辫”“八字花”等。

1. 用铅笔绘制人体着装线稿。绘制时注意勾勒针织服装的花纹，同时注意勾勒边缘线，体现花纹凹凸质感。

2. 用赭石色调和清水画头发底色，根据发型留出条状高光。

3. 待画纸略干，按头发的丝缕感画第二层次颜色，注意不要将底色完全遮盖，要形成深浅层次变化。

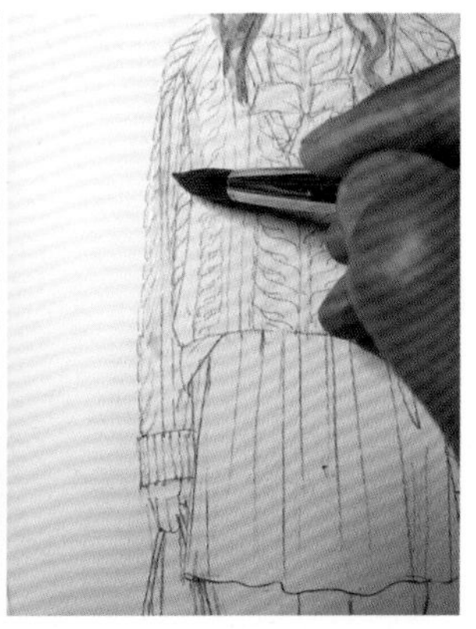

4. 用浅黄色画出针织服装的底色。

5. 选用蓝色绘制胸口装饰物的底色。

6. 用浅灰色画出裙子的底色，裙子反光丰富，注意留出褶皱的高光。

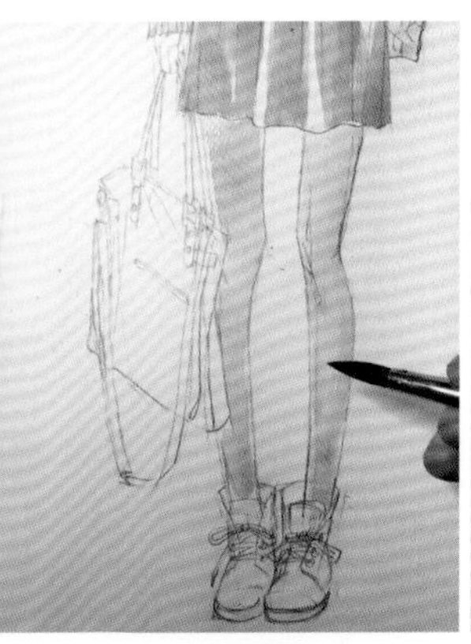

7. 用灰褐色画出裤子的底色。

8. 群青色加少量的绿色调和水晕染成鞋子固有色，注意根据光源留出高光。

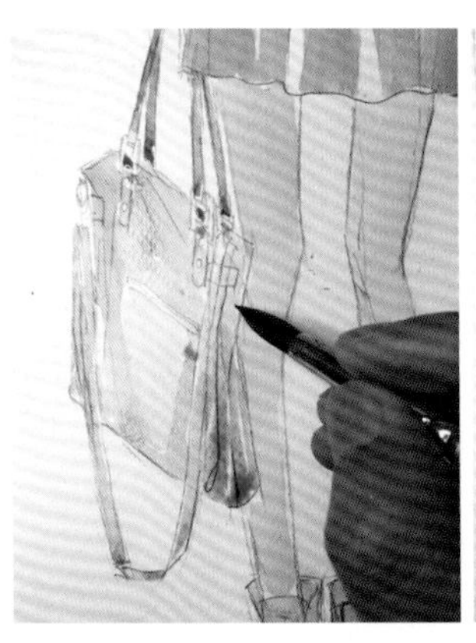

9. 湖蓝色加水绘制包袋的固有颜色，注意留出金属扣以及高光位置。

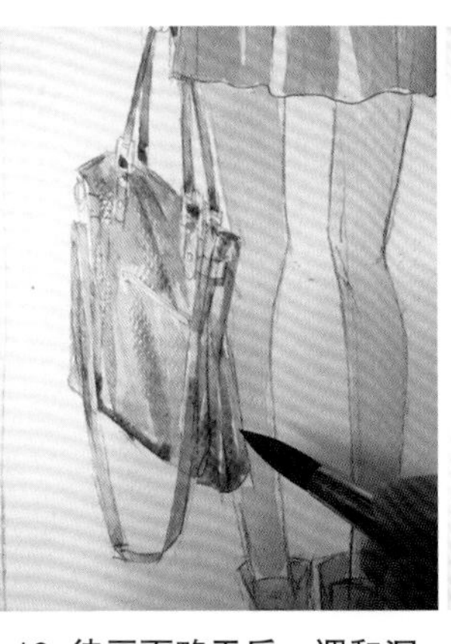

10. 待画面略干后，调和深蓝色绘制包袋的第二层颜色，注意不要将底色完全覆盖，形成深浅层次变化，同时还要注意投影以及交界线的位置。

11. 刻画头发造型。

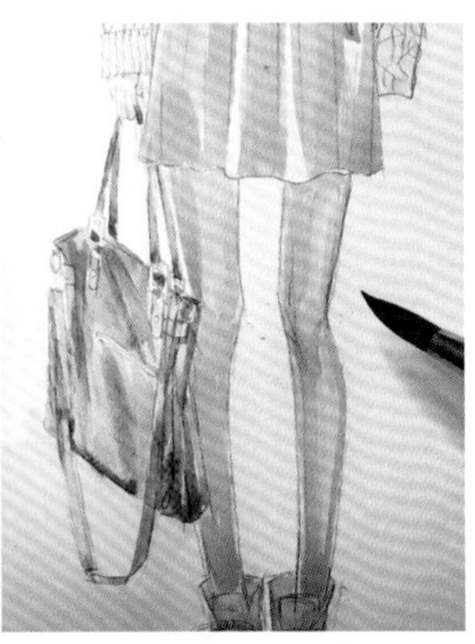

12. 应用深褐色刻画腿部，主要绘制暗部及明暗交界线的位置。

13. 调节肉色，刻画人物脸部。

14. 调整胸前装饰物的造型。

15. 用深黄色绘制针织服装的凹凸花纹。

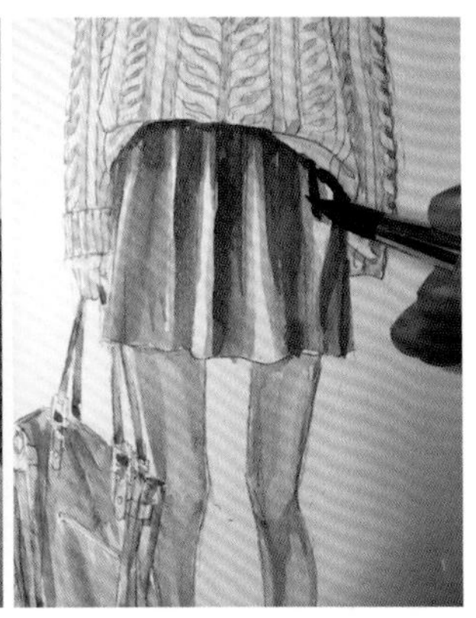

16. 用深灰色及黑色加深裙子的暗部，可以用画笔将色彩微微揉开，形成自然渐变效果。

17. 用蓝色加黑色调和绘制鞋子的暗部颜色。在绘制鞋子时可以利用晕染法，衔接过渡有底色与暗部颜色。

18. 刻画胸前装饰物。

19. 刻画裙子褶纹。

20. 选用群青色加入大量的水绘制投影。在绘制投影时，远离人物位置，可以增加水分进行过渡晕染。最后进行调整，绘制款式图，撰写说明，完成画稿。

肩宽63.5cm
胸围110cm
衣長56cm
摆围105cm
拉链
腰围74cm
長43cm
Huangmei 2019.5.18

21. 画稿完成后效果。

第六节 粗花呢面料表现技法

一、粗花呢面料特征

粗花呢面料用途广泛，从春秋装小外套到冬装大衣、裙装到套装均可使用。

特点：厚实，手感舒适，纹样秩序感强，给人以温暖感。

二、粗花呢面料表现技巧与步骤

粗花呢面料质感厚实粗糙，可以借用综合材料加强织物的质感。

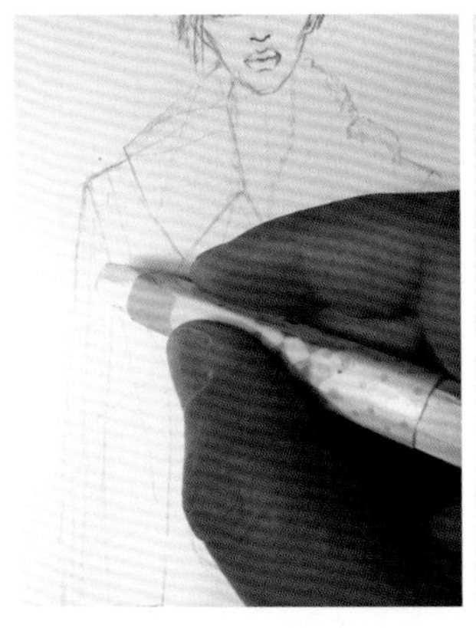

1. 先用铅笔绘制着装线稿，绘制好着装线稿后用蜡笔绘制粗花的花纹。

2. 用肉色加清水调和绘制人物底色。

3. 绘制好人物底色后，用褐色绘制由于服装遮挡腿部产生的明暗效果。

4. 用赭石色绘制头发的底色，待画面未干时用褐色加深头发的暗部颜色，色彩会形成自然的渐变过渡。

5. 用普蓝色加黑色调和绘制服装第一遍色彩，笔头水与色的含量要多。由于第一遍绘制的是蜡笔花纹，所以会产生油水分离效果，这时白色条纹就会显现出来。

6. 平铺绘制袖子。

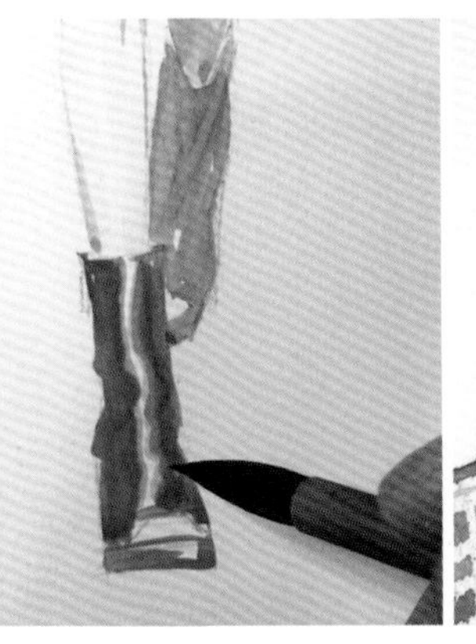

7. 选用黑色加清水调和绘制靴子，根据靴子褶皱关系留出高光。

8. 选择深色绘制头发的第二层次。

9. 选用 0.5 勾线笔强调服装的款式细节及轮廓线。

10. 用黑色勾线笔刻画黑色毛领，用笔要根据毛峰的走向进行变化，同时要绘制出虚实感。

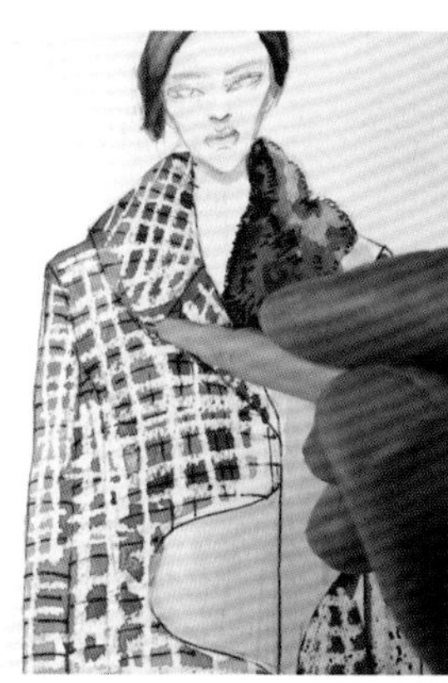

11. 用黑色勾线笔刻画粗花呢格子条纹。

12. 用深黄色马克笔绘制黄色拼接面料的暗部色彩。在绘制时主要加深衣纹处及挂面后片处，让其产生较好的立体层次感。

13. 选用 120 号马克笔粗头调整刻画格子花纹。

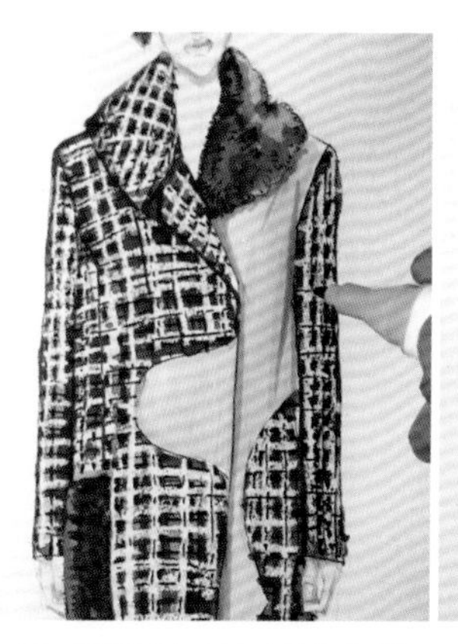

14. 同样用 120 号马克笔尖头刻画袖子处格子花纹。

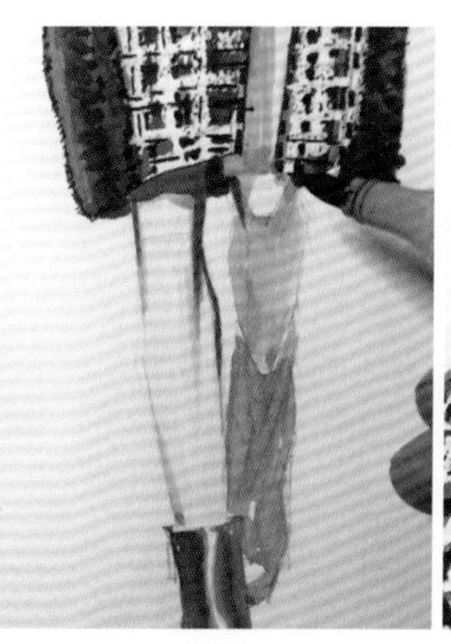

15. 用 120 号马克笔尖头刻画衣摆。

16. 选用肉色马克笔刻画人物。

17. 绘制人物细节如眉毛、眼影、眼睛、鼻子及嘴巴。为体现眼睛的层次感，加深靠近眼睛处的眼影色彩。

18. 用 120 号马克加深鞋子的暗部色彩。

19. 用褐色勾线笔绘制形成头发的丝缕感。

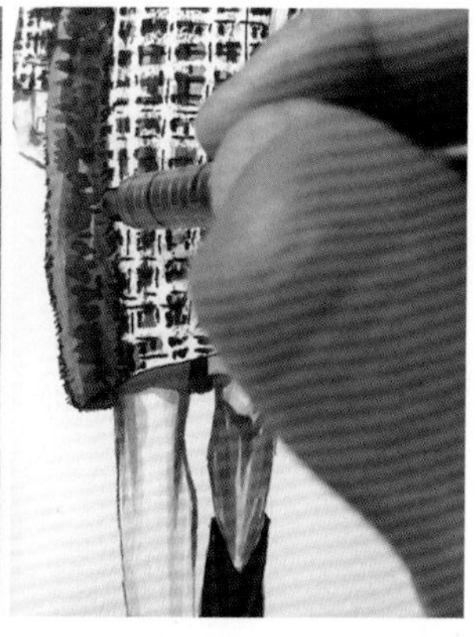

20. 用针管笔加强毛质面料的质感。整体刻画与调整后，绘制服装款式图与撰写说明，完成画稿。

21. 画稿完成后效果。

第七节 图案面料表现技法

一、图案面料特征

图案面料是通过某种印染或织布工艺而产生图案装饰效果的面料。图案面料从不同的角度可以有不同的分法，按照产品的织造方法可以分为梭织印花布、针织印花布、无纺印花布，按照产品的原材料可以分为全棉印花布、化纤印花布、毛印花布、丝绸印花布、麻印花布、各种混纺印花布、其他纤维印花布等，按照印花的工艺可以分为手工印花布、机器印花布等，按照使用不同染化料又可以分为染料、涂料、水浆、胶浆、发泡、油墨、金银粉印花布等。

图案面料表现，主要在穿着服装上体现装饰图案特征即可。

二、平涂图案基本表现技巧与步骤

1. 绘制铅笔线稿，同时勾勒花纹形状。

2. 赭石色加清水绘制头发底色。

3. 柠檬黄色、朱红色、清水不同比例调和绘制第一遍肤色。

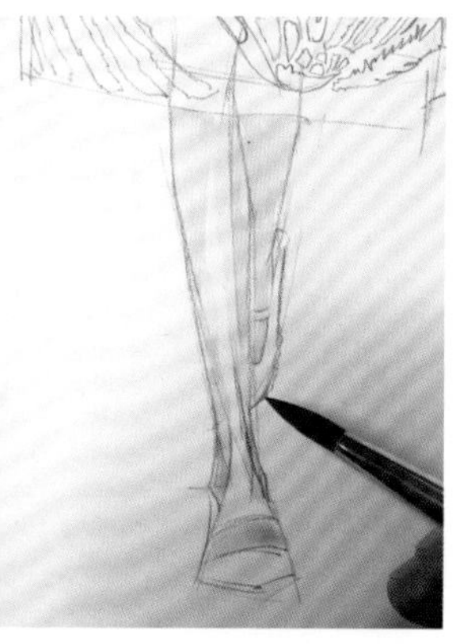

4. 绘制腿的颜色，注意根据腿的结构留出高光。为表现双腿的空间层次感，加入少许土黄色绘制后面腿的色彩。

5. 刻画人物五官。

6. 自左向右绘制上一底色，画笔含水须丰富以备下一步渲染暗部使用。

7. 趁画纸湿润时铺完上衣全部色彩，此时利用水彩特有的水印来形成褶皱感。

8. 调和偏冷的浅灰色绘制裙子的大体明暗关系。

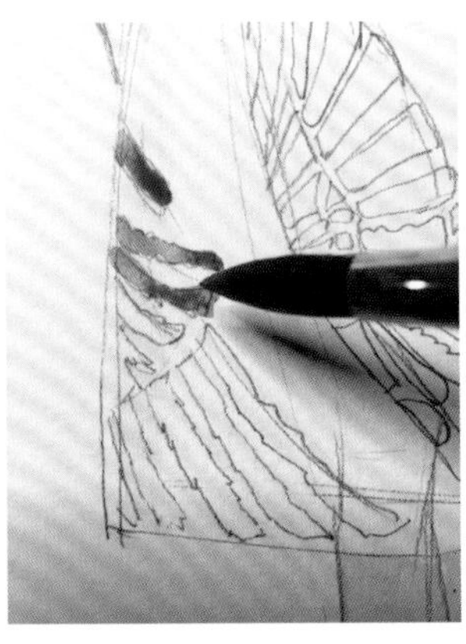

9. 选择草绿色加清水调和平涂绘制翅膀形状花纹。

10. 选用同上种颜色自左向右绘制花纹。

11. 减少水分使色彩变深，绘制衣纹处的花纹暗部色彩。

12. 黑色加清水绘制鞋子底色。

13. 选择深褐色按照头发的丝缕感绘制第二层次色彩。

14. 再次刻画模特眼睛及嘴唇。

15. 选用深灰色绘制上衣的明暗关系以及衣片之间的层次关系。注意不要将底色完全遮盖，要形成色彩层次变化。

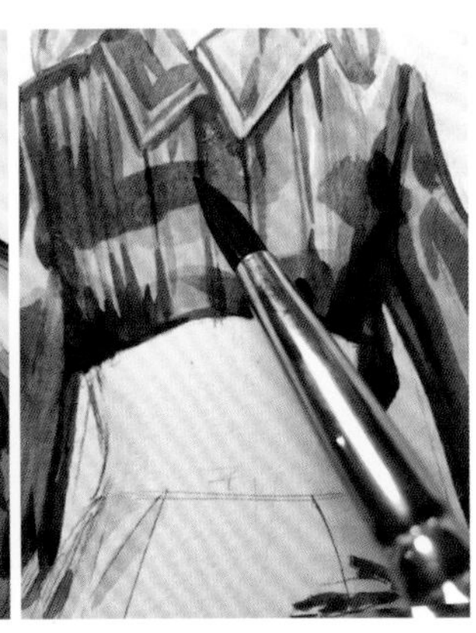

16. 为体现胸部结构，在绘制胸部明暗时可以利用画笔进行横扫绘制，留出底色，形成胸部起伏结构感。

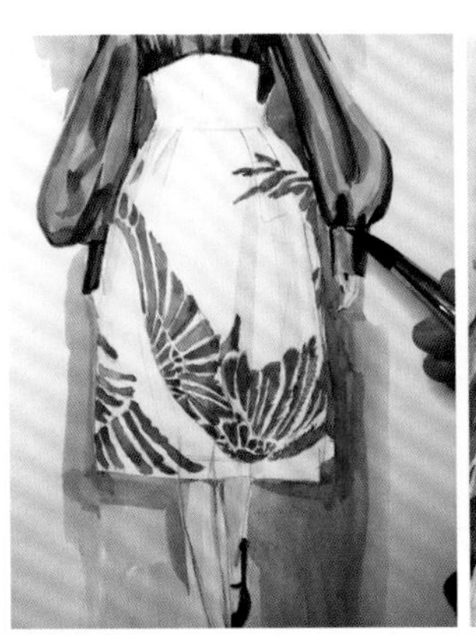

17. 利用深灰色刻画袖子褶皱，同时选用蓝色加清水绘制背景颜色。

18. 利用勾线笔勾出服装细节以及确定款式结构线。

19. 待所有色彩干透后，用橡皮擦除画面上的铅笔线条。

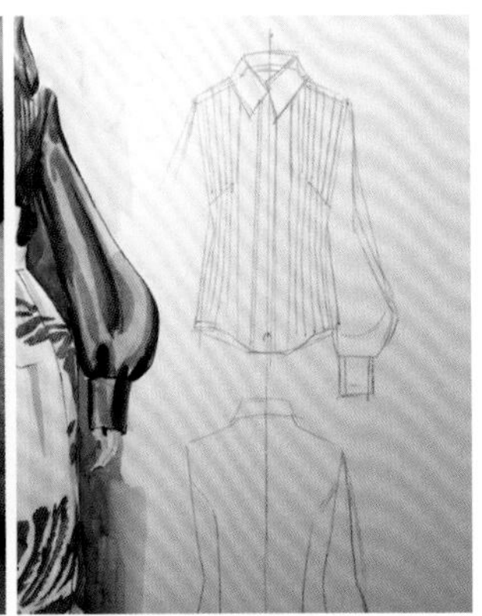

20. 绘制服装款式图与撰写说明，然后整体调整画面，完成画稿。

翻领0.6cm止口外翻
压0.5cm工字褶
暗门襟
胸省
袖口收褶
10cm宽袖克夫
后中分割
公主省
弧形下摆
袖克夫钉扣
高腰褶裙,腰宽22cm
工字褶
后中装隐形拉链
工字褶
印花
2019.3.24

21. 画稿完成后效果。

三、晕染图案基本表现技巧与步骤

1. 绘制铅笔线稿，同时勾勒花纹形状。

2. 熟褐色、赭石色、清水不同比例调和绘制头发底色，注意笔头的色与水要饱和。

3. 柠檬黄色、朱红色、清水调和绘制肤色，注意根据人体结构进行色彩变化。

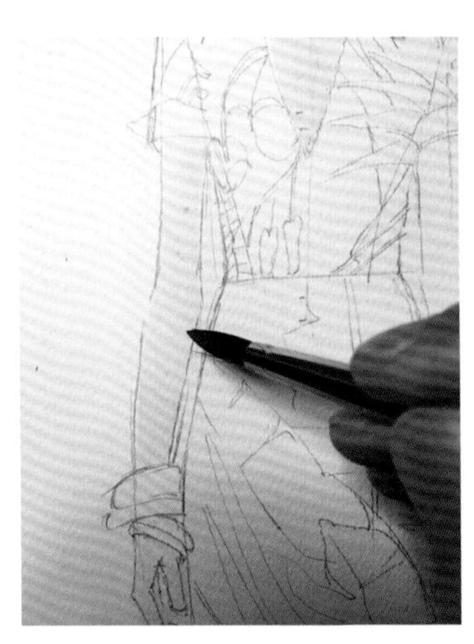

4. 绘制手的肤色，注意留出饰品的位置。

5. 选用较深色绘出脸部与胸部的起伏感。

6. 绘制手臂投影与暗部色彩。

7. 绘制眼影及嘴唇底色，绘制嘴唇底色时在下唇位置根据光源方向留出高光。

8. 深红色绘制眼影最深颜色，从下眼睑位置向外渐变晕染。

9. 选用浅灰色绘制裙装上半身基础明暗关系。

10. 同样选用浅灰色根据人体结构及褶皱绘制裙装下半身基础明暗关系。

11. 选用小号水彩笔绘制穿戴在手上的饰品，注意根据光源留出高光，体现饰品的光滑质感。

12. 选用中黄色调和大量的水绘制图案，绘制时要保证笔头含有大量的水与色以便后面进行渲染过渡。

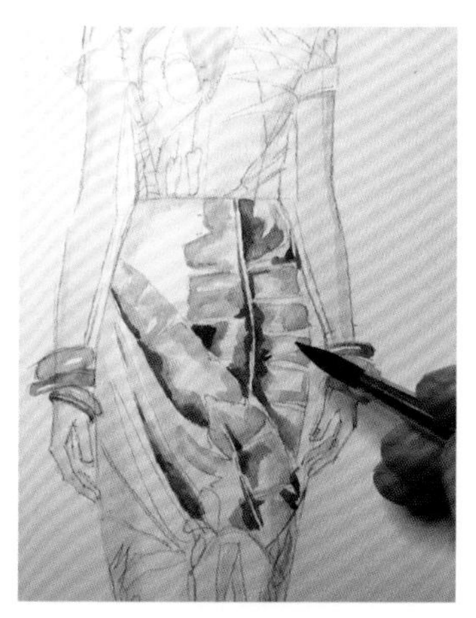

13. 绘制图案中的深绿色部分，然后注意留出叶片中的筋脉部分，并且通过晕染衔接深绿色与第一遍绘制的中黄色。

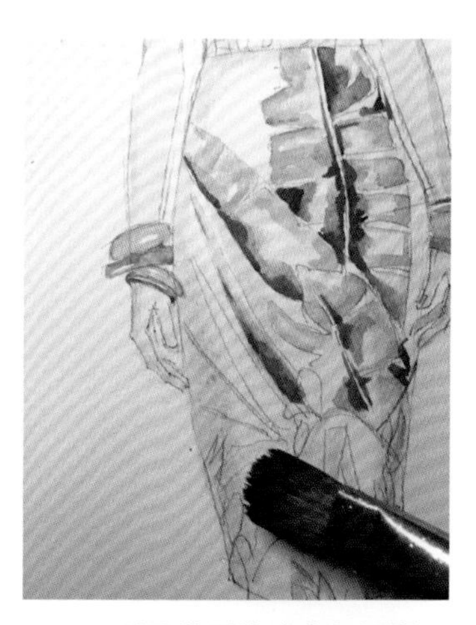

14. 利用排刷沾清水打湿服装中图案部分的纸面，以备后期渲染绘制。

15. 选择深棕色结合头发的丝缕感刻画头发。

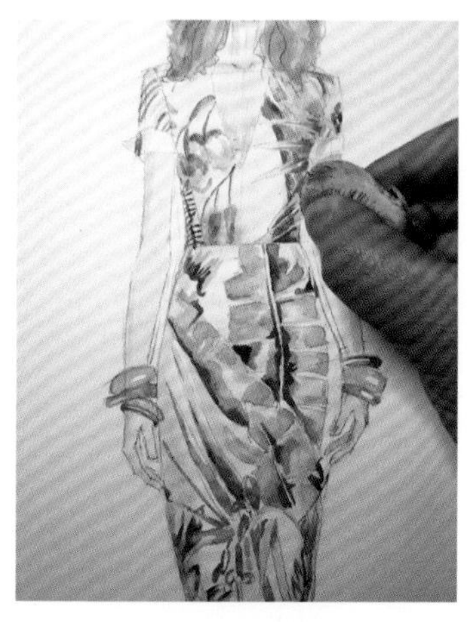

16. 刻画完服装的图案，待所有色彩干透后用橡皮擦去画面上的铅笔线条。

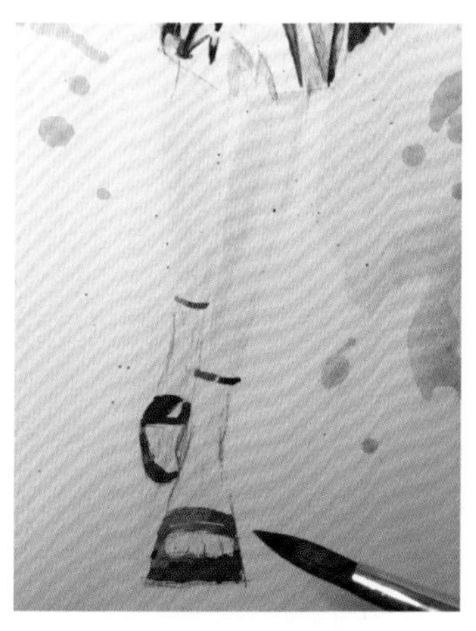

17. 选用小号水彩笔，减少画笔水分刻画脚与鞋子。

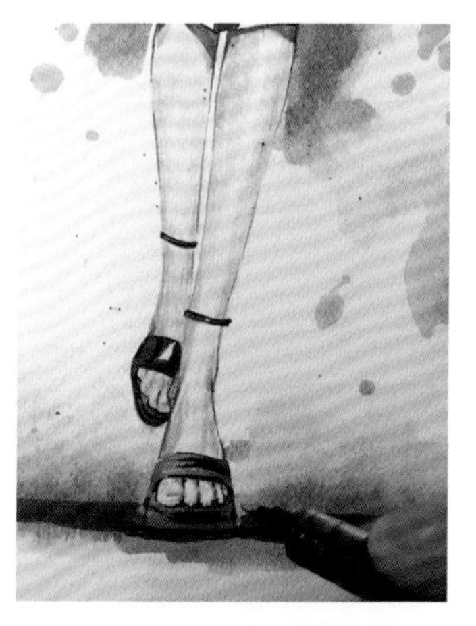

18. 选用赭石色和中黄色调和绘制投影部分，最后用勾线笔刻画鞋子与脚的造型，绘制款式图及撰写说明，完成画稿。

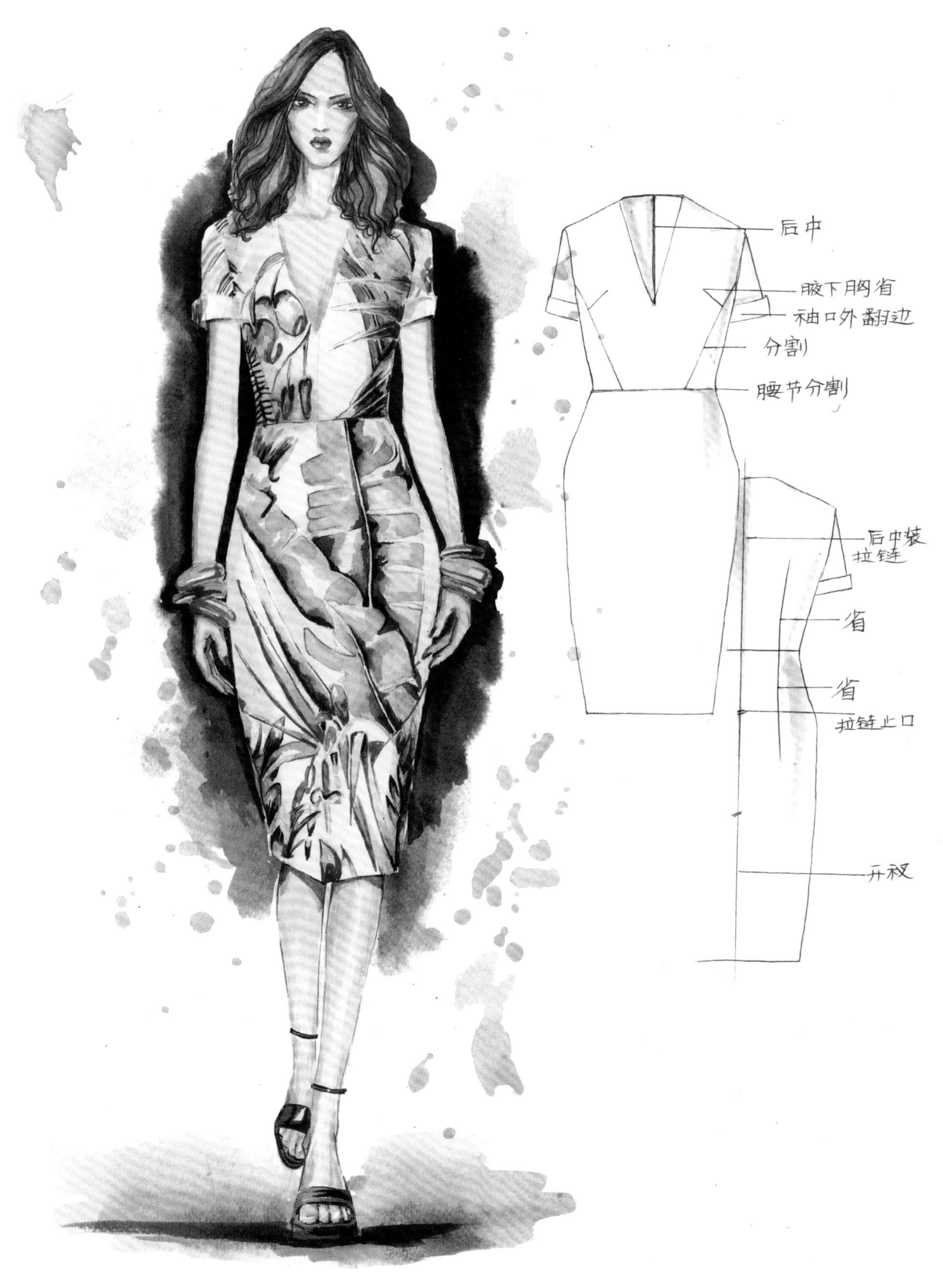

19. 画稿完成后效果。

第八节 综合面料表现技法

一、综合面料特征

当两种或两种以上的不同面料综合运用时，面料特征具有多样性。

二、综合面料基本表现技巧与步骤

综合面料表现是在不同面料质感表现的基础上，选用不同材料及技法去表现，但要注意色彩与光线的统一性。

1. 绘制铅笔线稿，在绘制毛皮面料部分时选用短线条结合毛峰走向呈辐射状进行绘制。

2. 用中黄色调和清水绘制头发的底色，注意留出头部装饰发卡的位置。

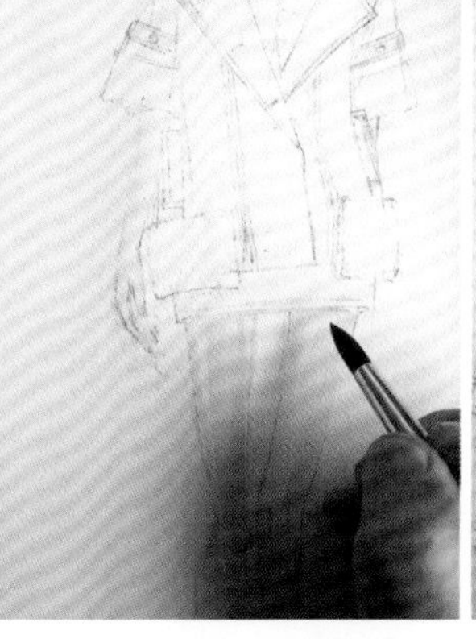

3. 柠檬黄色、朱红色加清水不同比例调和绘制肤色，在绘制时通过水分控制绘制明暗关系。

4. 朱红色加清水调和绘制红色服装底色，注意根据衣纹留出高光部分。

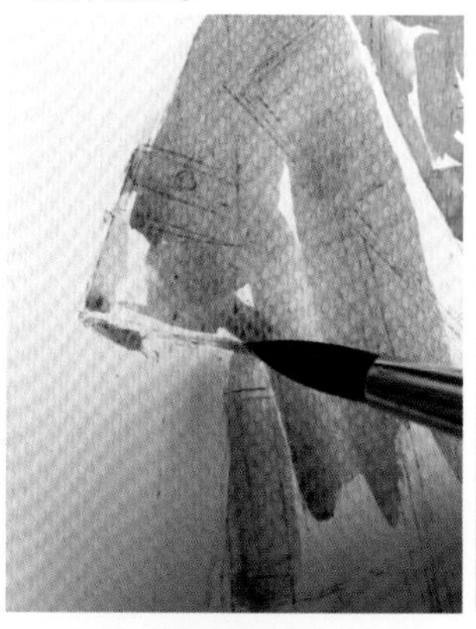

5. 黑色调和清水从左至右绘制灰色服装底色。

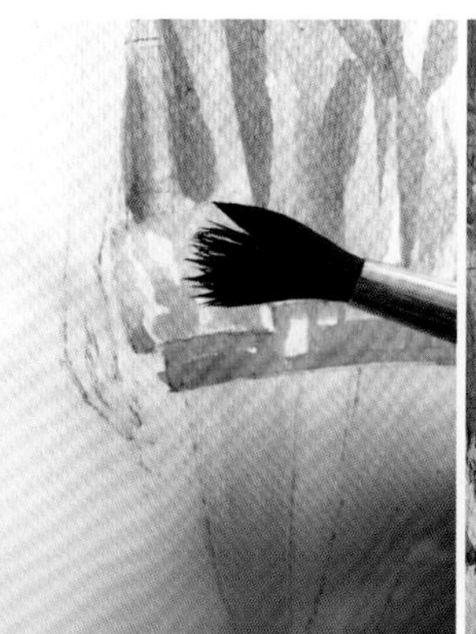

6. 笔头蘸好颜色后，用手揉搓笔头，把笔头揉搓成锯齿状。

7. 利用锯齿状的笔头根据毛峰方向扫绘出毛质面料质感。

8. 选用深灰色，笔头水分控制为色多水少，刻画服装褶皱以及衣片的空间关系。

9. 用小号水彩笔刻画人物五官。

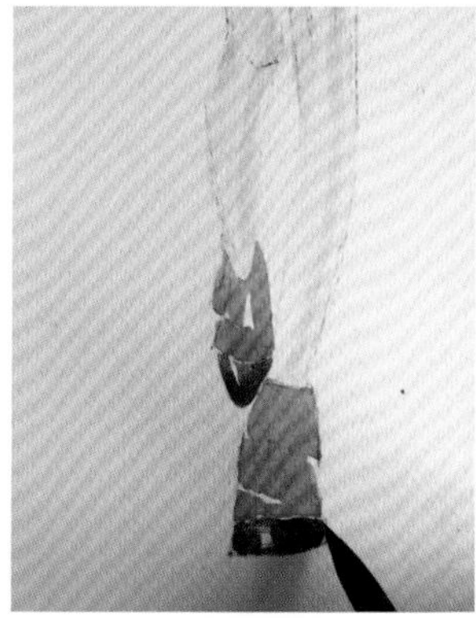

10. 用朱红色加清水绘制鞋子的红色部分，注意根据光线留出高光。

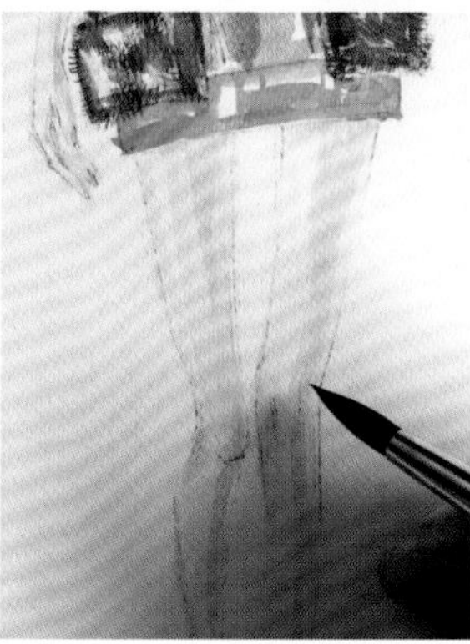

11. 调和出肉色的深色，刻画腿部明暗交界线及空间关系，同时用晕染法衔接浅肤色与深肤色。

12. 用深肤色刻画颈部结构。

13. 选择赭石色用小号水彩笔勾勒肤色的轮廓线。

14. 选用深红色刻画红色服装。

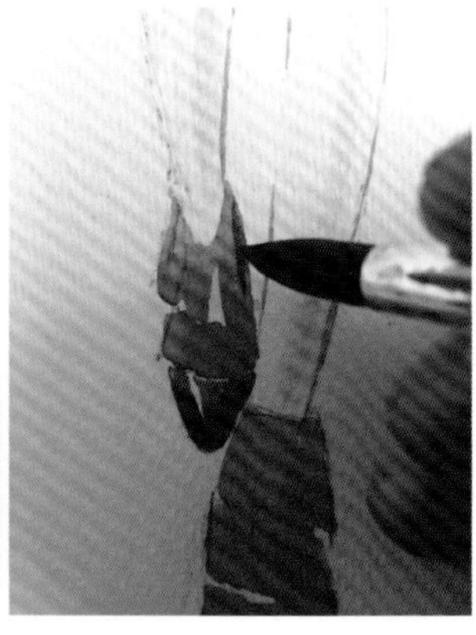

15. 同样选择深红色刻画鞋子红色装饰。

16. 选用深灰色对上衣进行进一步的刻画，主要刻画服装中不同面料的质感。

17. 选用黑色，同时减少笔头水分，使笔产生干枯感刻画毛皮面料质感。

18. 再次对上衣进行刻画，强调衣服的款式及工艺细节。

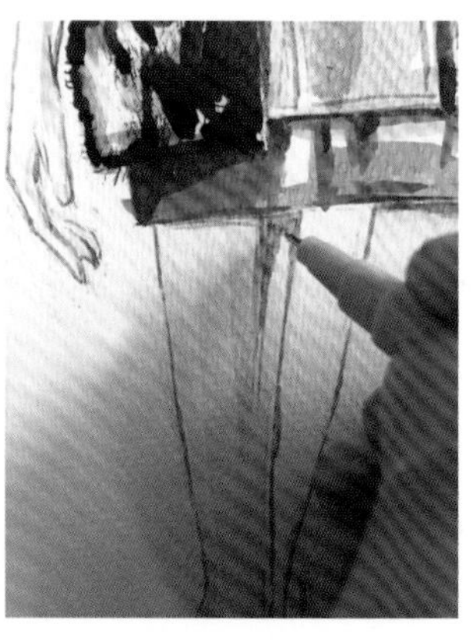

19. 选择赭石色勾线笔绘制人物腿部的明暗交界线及轮廓线。

20. 选择浅蓝色勾线笔绘制头部发卡的细节。

21. 为凸显鞋子部分的空间感，用深红色勾线笔刻画鞋子装饰，并强调其轮廓线。

22. 土黄色加清水绘制背景色，靠近对象轮廓线的位置水分少色彩较深，远离人物轮廓线的位置用晕染法逐渐减淡。

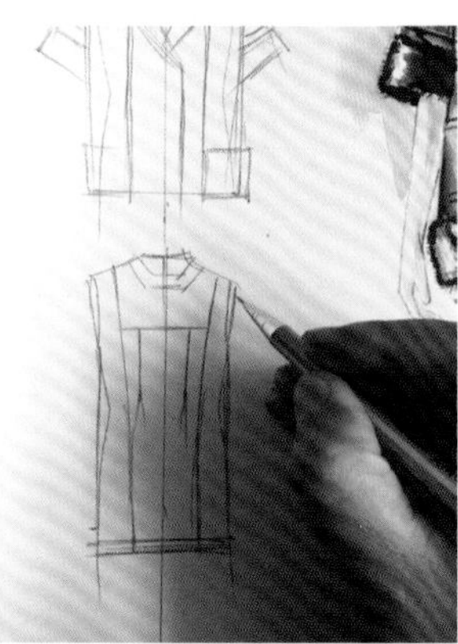

23. 绘制款式图与撰写说明，完成画稿。

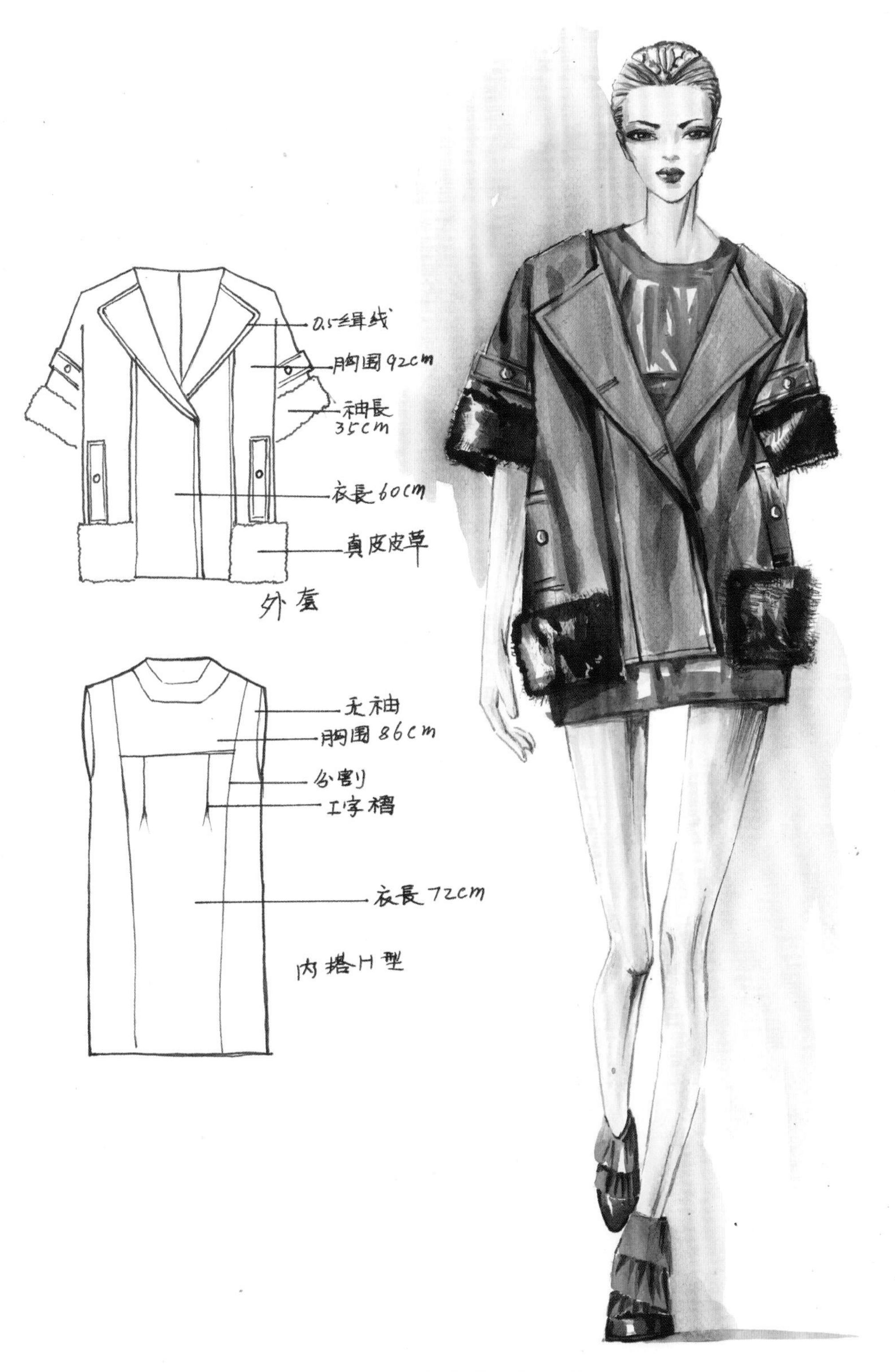

24. 画稿完成后效果。

课后建议练习

1. 收集各种不同面料质感表现时装画50张。
2. 临摹每种面料质感时装画3~5张（8开）。
3. 结合实物图片资料自行绘制不同面料质感时装画10张（8开）。

第六章　服装画临摹范例

图6-1

图6-2

图 6-3

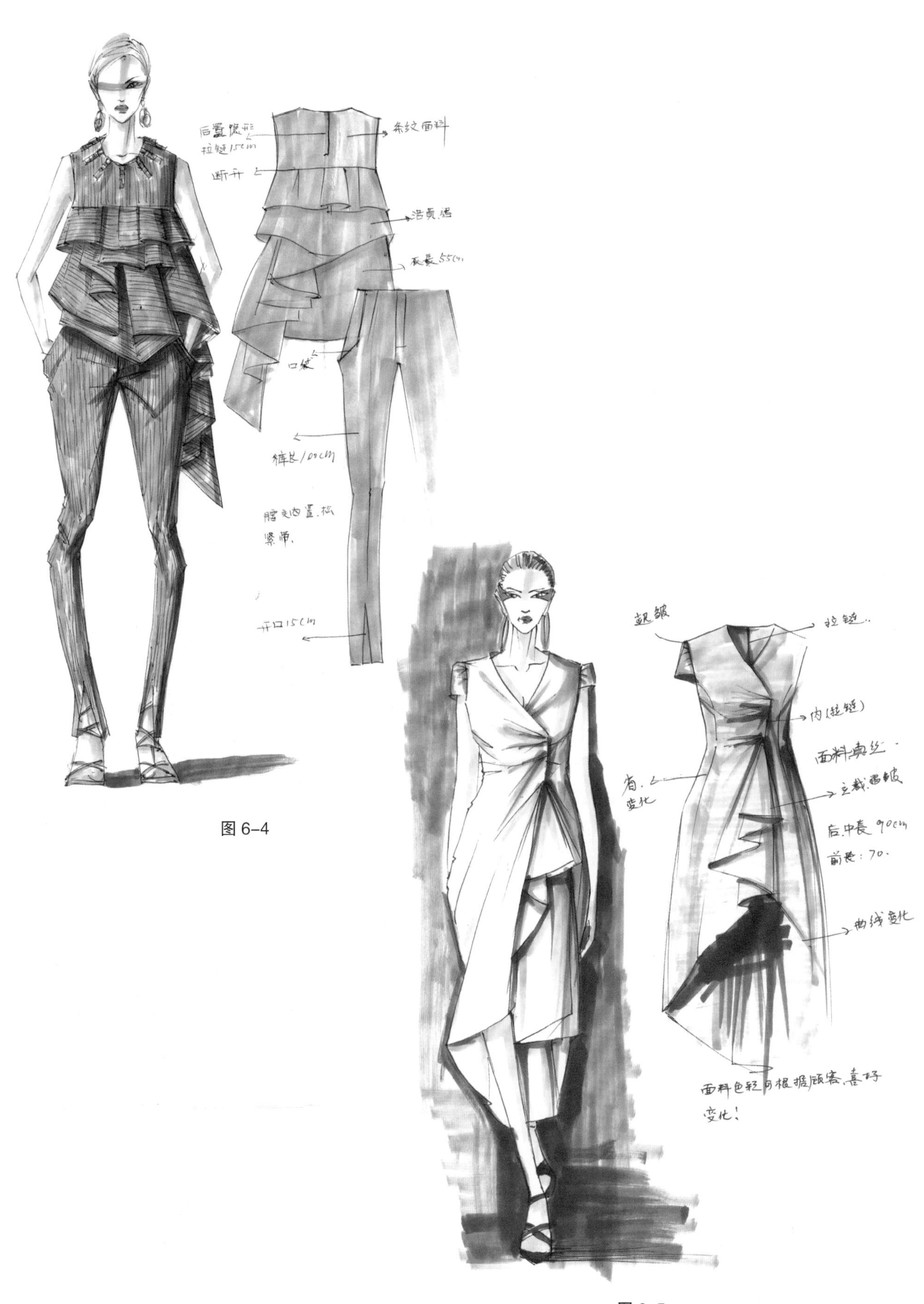
后置隐形拉链15cm
条纹面料
断开
衣长55cm
口袋
裤长100cm
腰头内置松紧带
开口15cm
起皱
拉链
内(拉链)
面料真丝
省变化
立裁褶皱
后中长90cm
前长：70
曲线变化
面料色彩可根据顾客喜好变化！

图 6–4

图 6–5

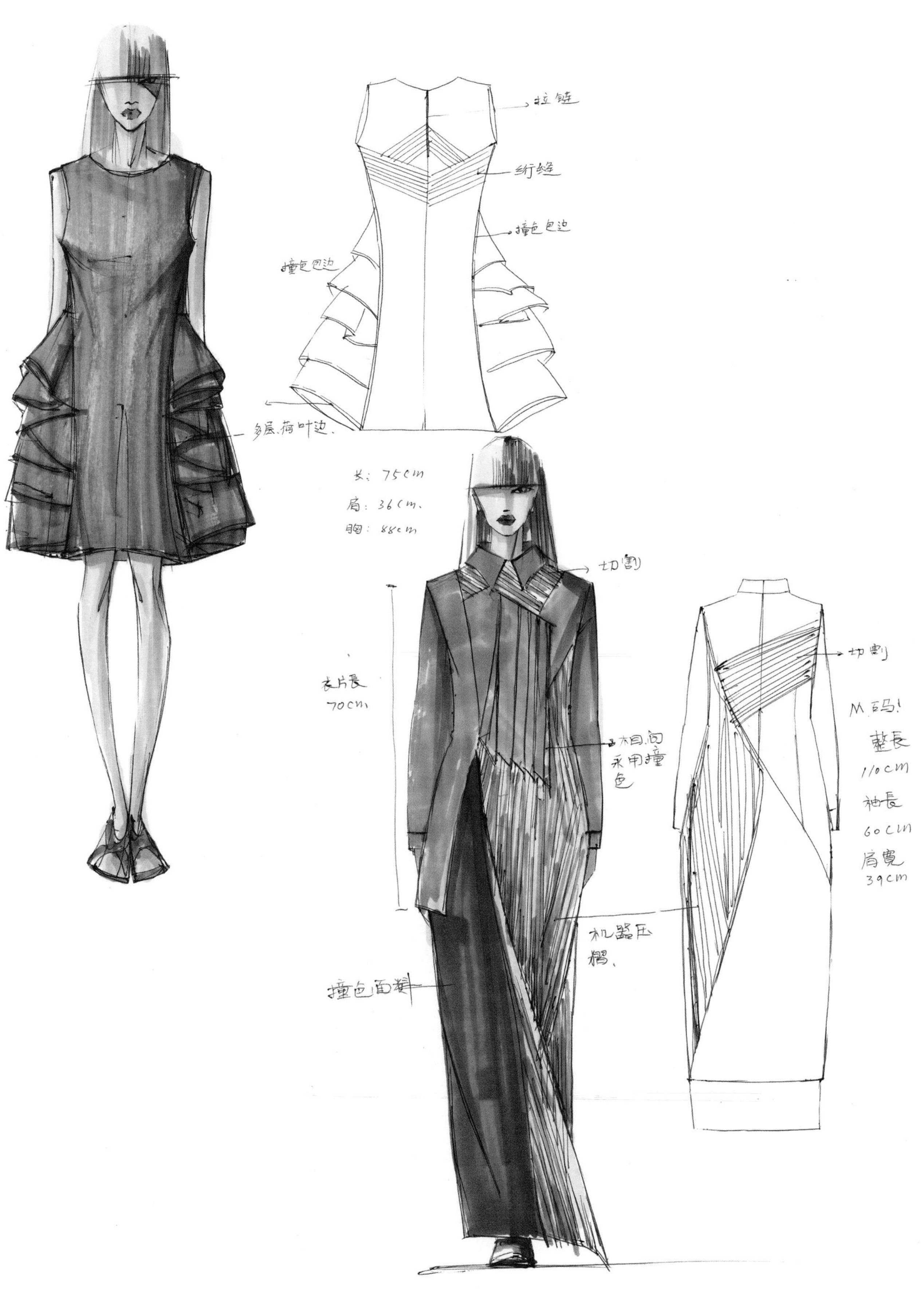
拉链
绗缝
撞色包边
撞色包边
多层荷叶边
长：75cm
肩：36cm
胸：88cm
切割
衣片长
70cm
相间
采用撞
色
切割
M码!
整長
110cm
袖長
60cm
肩宽
39cm
机器压
褶
撞色面料

图 6–6

肩宽40cm
黄貂毛
胸围100cm
打断
内置风勾扣
打断
口袋(挖袋)
衣长85cm
黄貂毛
黑貂毛
小翻领
半门襟钉扣
腰省
分割
收褶
袖克夫宽8cm
加长袖
荷叶花边
包边0.6cm
修身
侧缝分叉
HUANG. WEI

图 6-7

图 6-8

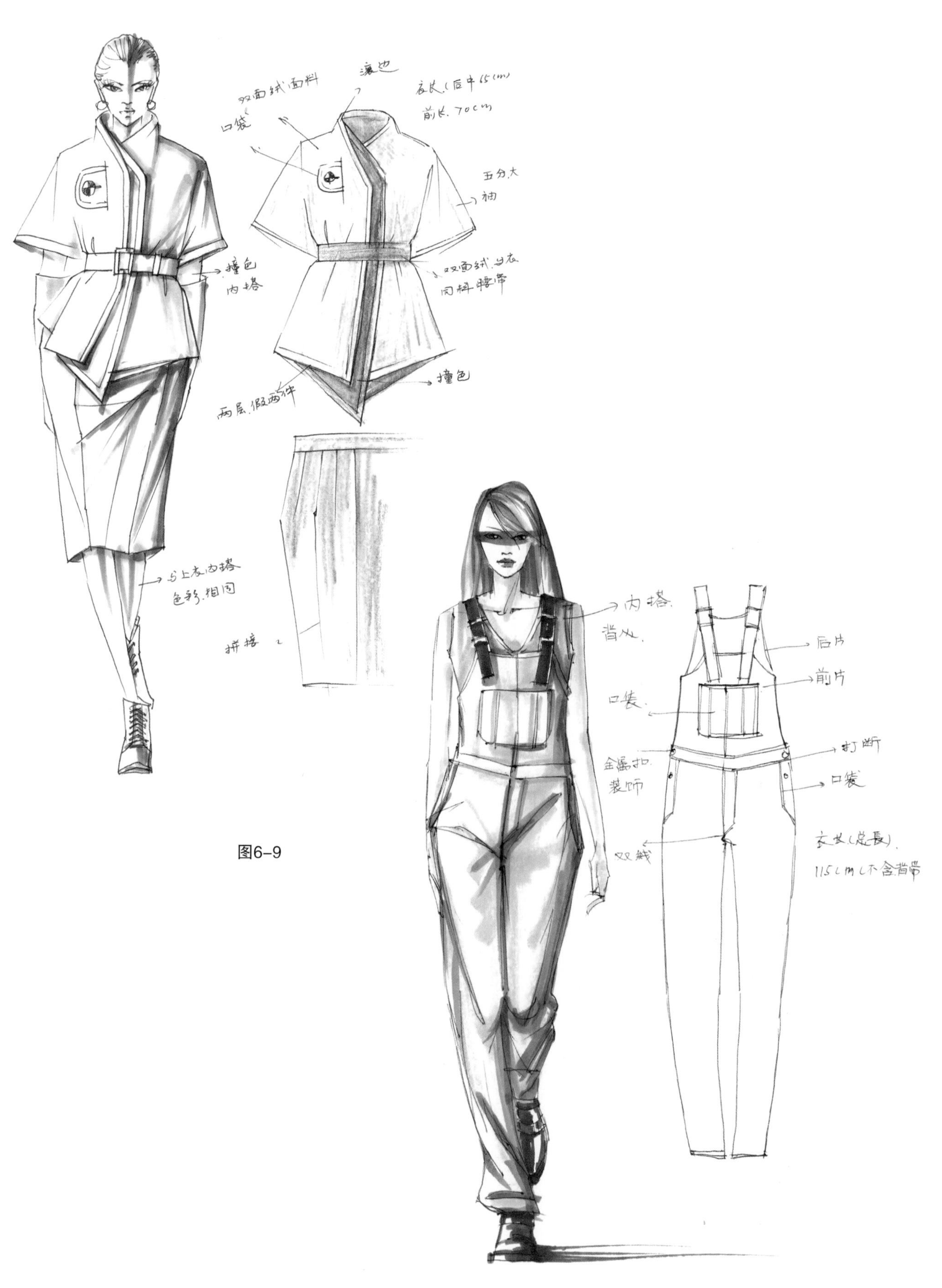

双面绒面料
滚边
口袋
前长 70cm
五分大
袖
撞色
内搭
同料腰带
两层假两件
撞色
与上衣内搭
色彩相同
拼接
内搭
背心
后片
前片
口袋
打断
金属扣
装饰
口袋
双线

图6-9

图6-10

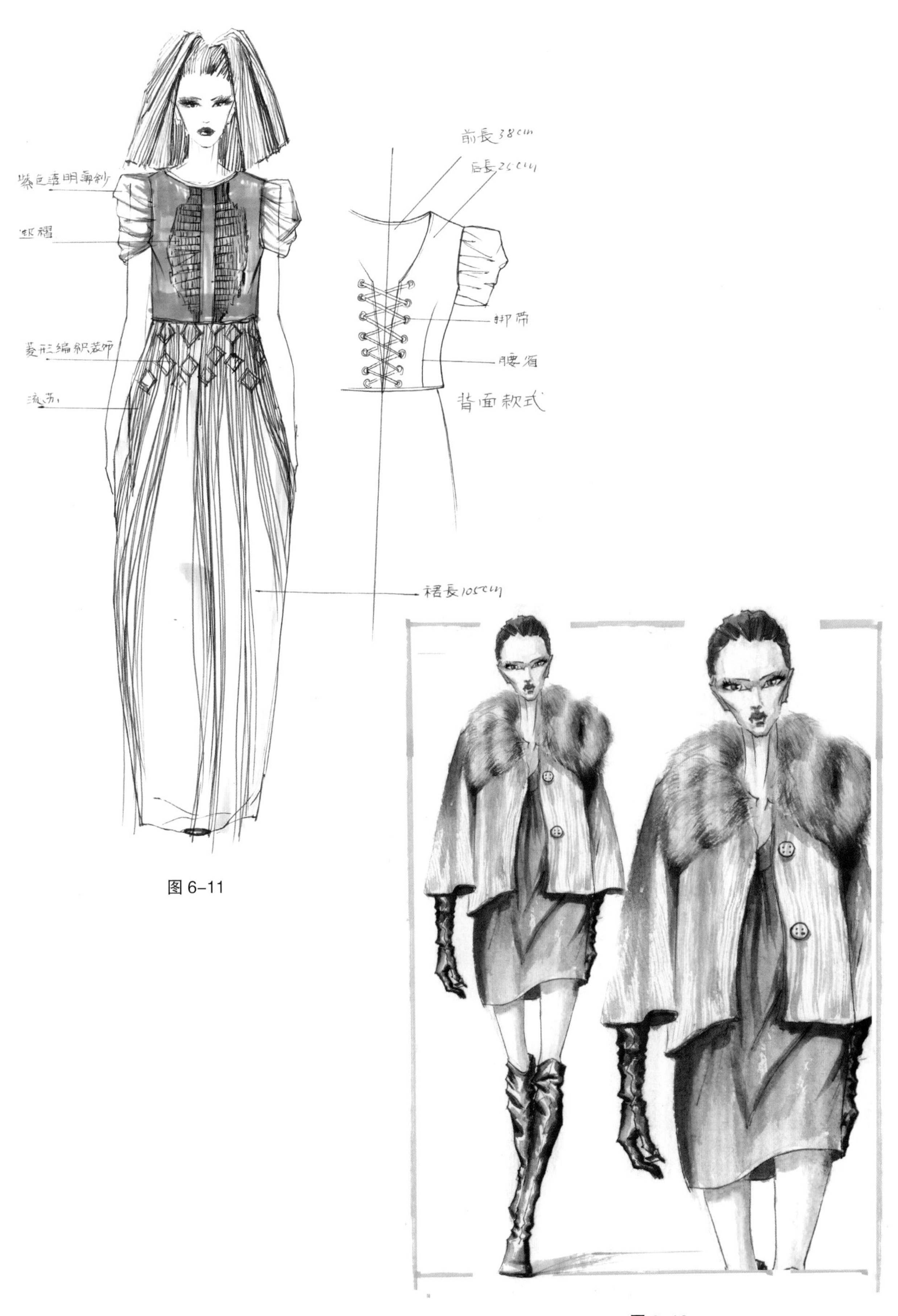

图 6-11

图 6-12

图 6-13

图 6-14

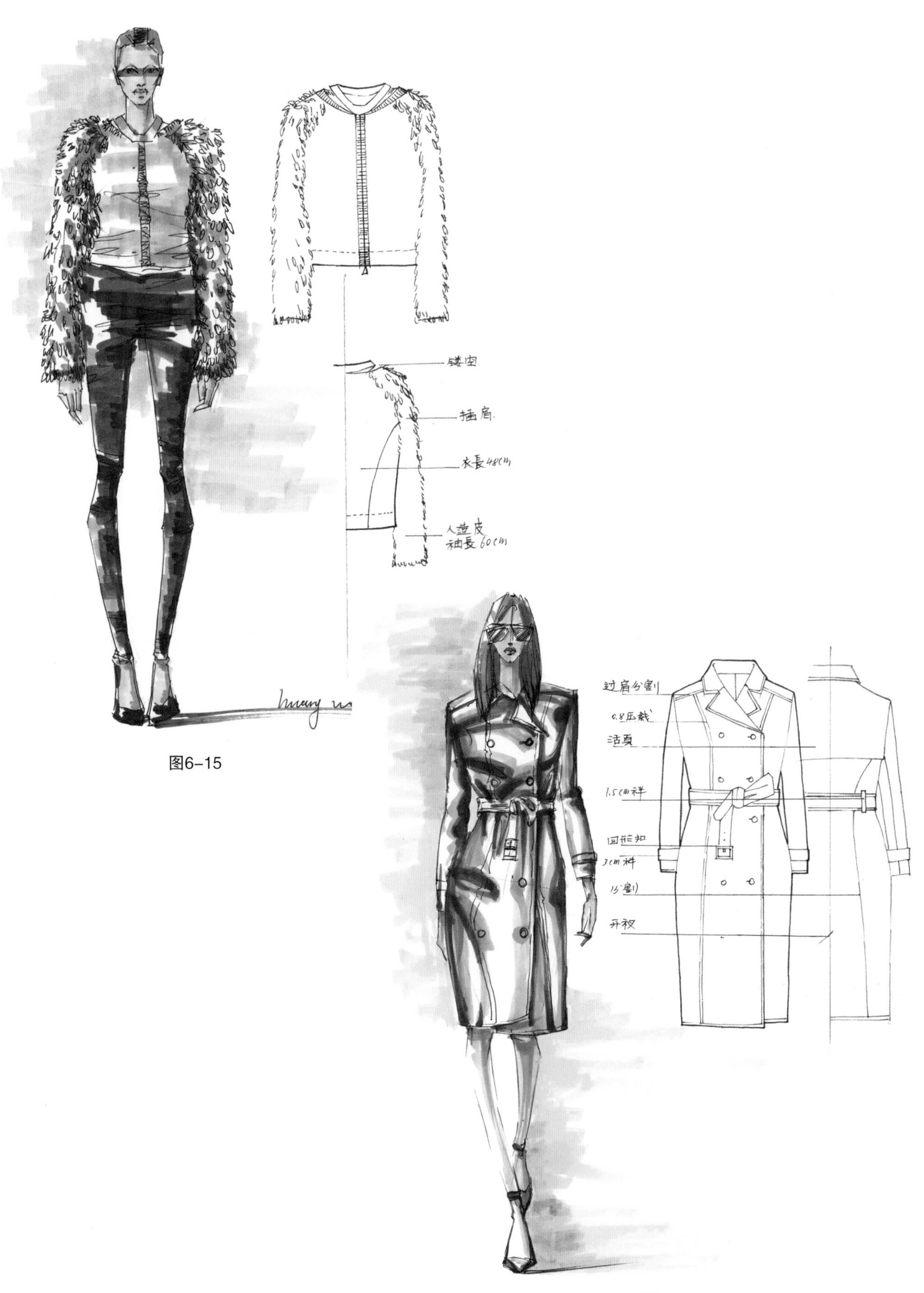

图6-15

图6-16

图6–17

图6–18

图 6-19

图 6-20

图 6-21

图 6–22

图 6–23

图 6–24

图 6–25

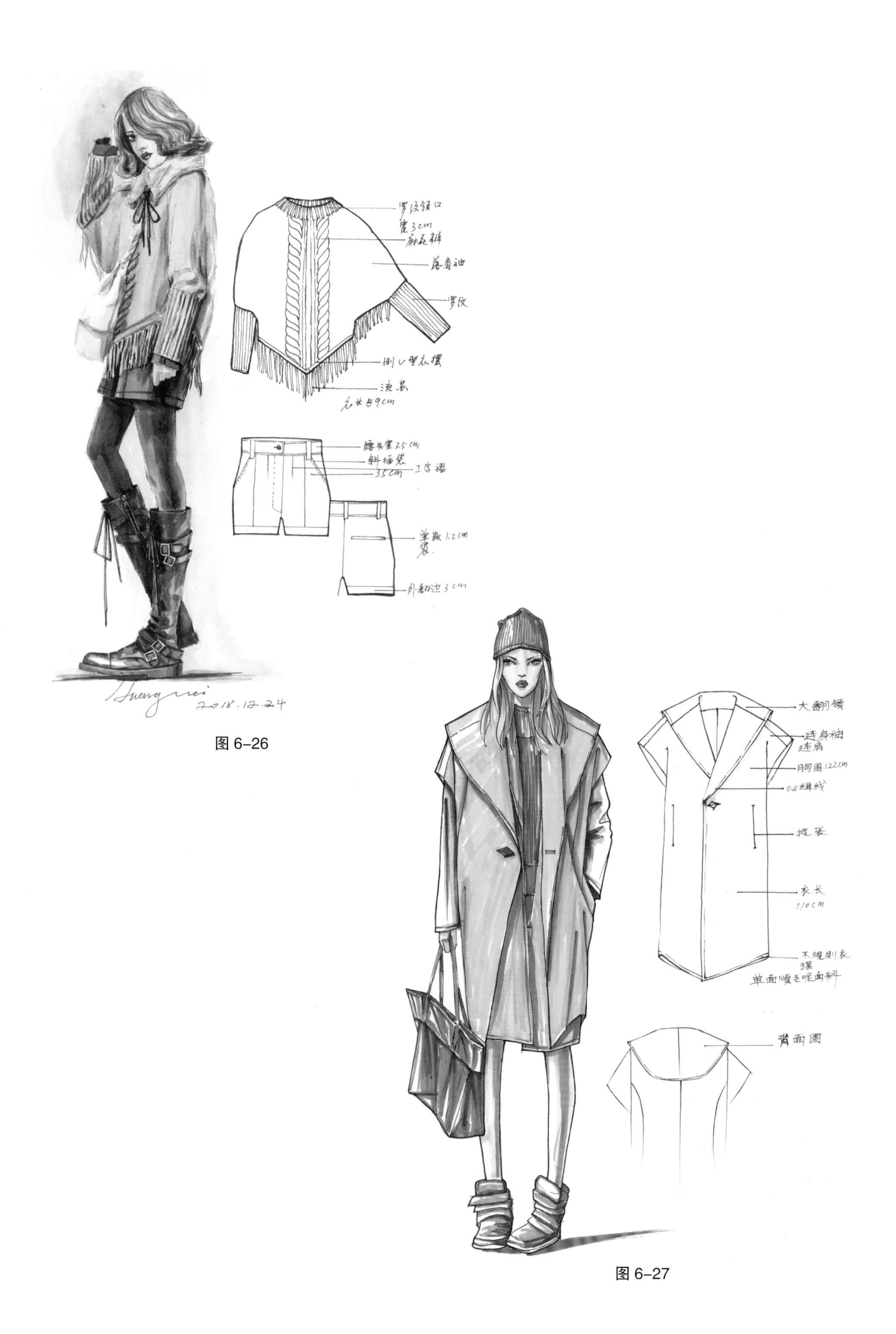
罗纹领口
宽3cm
麻花辫
落肩袖
罗纹
倒V型衣摆
流苏
衣长59cm
腰头宽3.5cm
斜插袋
3.5cm
工字褶
单嵌袋 1.2cm
外翻边3cm
2018.12.24
大翻领
连身袖
连肩
胸围122cm
0.8缉线
挖袋
衣长
110cm
不规则衣摆
单面顺毛呢面料
背面图

图 6–26

图 6–27

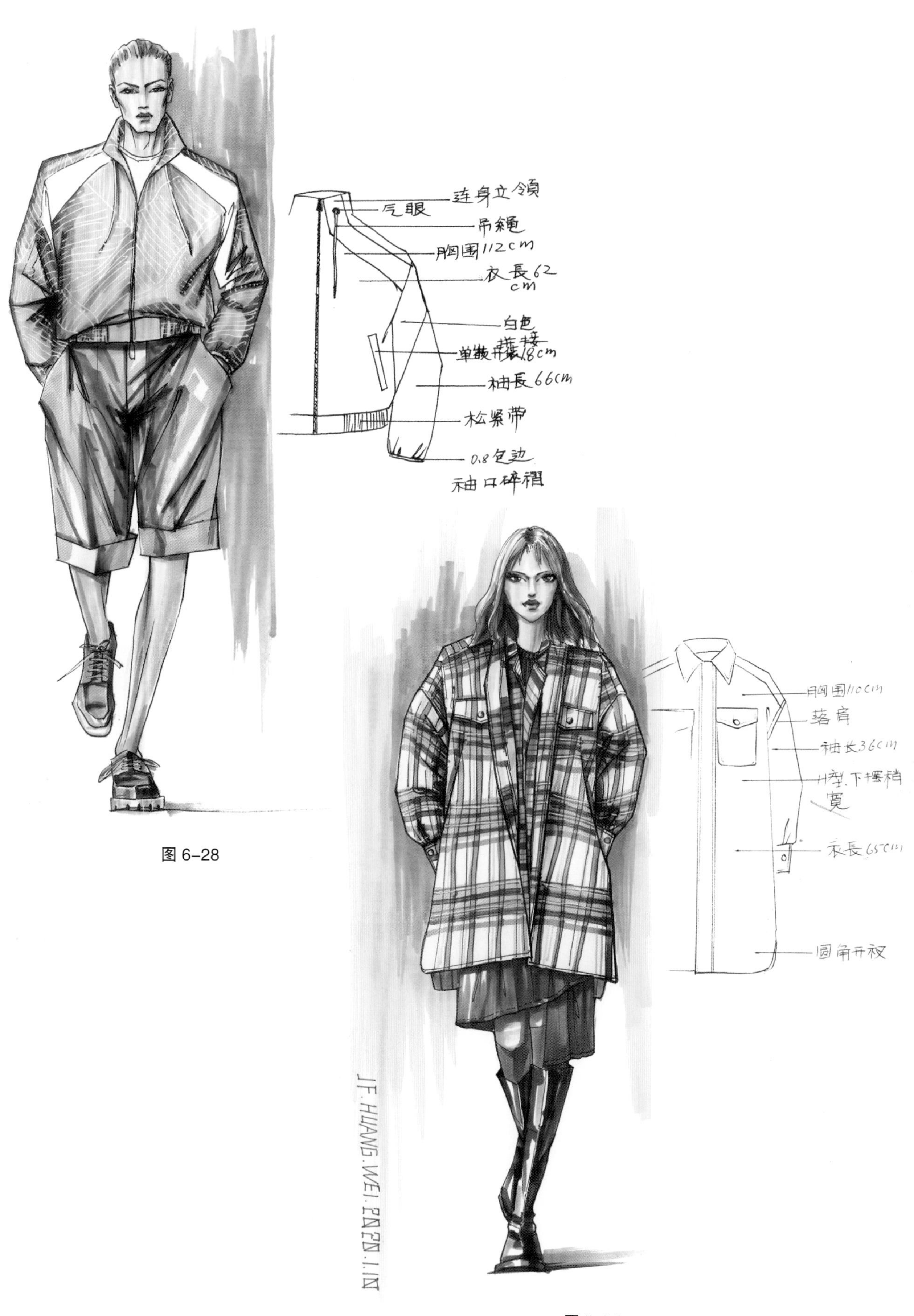

连身立领
气眼
吊绳
胸围112cm
衣長62 cm
白色 拼接
袖長66cm
松紧带
0.8包边
袖口碎褶
胸围110cm
落肩
袖长36cm
H型.下摆稍宽
衣長65cm
圆角开衩
JF.HUANG.WEI.2020.1.10

图 6–28

图 6–29

图 6–30

图 6–31

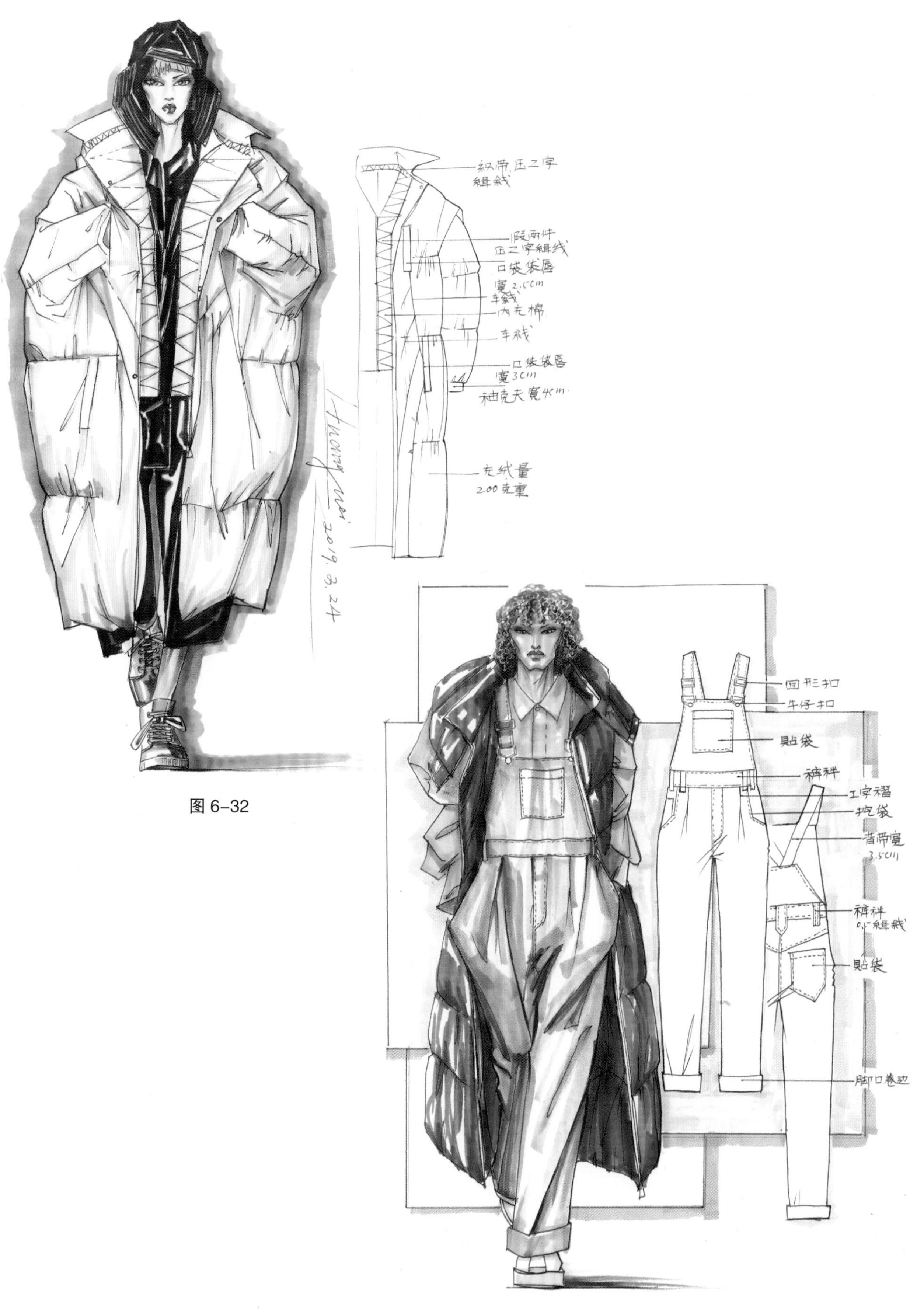
织带压之字
缉线
假两件
压之字缉线
口袋袋唇
宽2.5cm
车线
内充棉
车线
口袋袋唇
宽3cm
袖克夫宽4cm
充绒量
200克重
2019.3.24
回形扣
牛仔扣
贴袋
裤袢
工字褶
挖袋
背带宽
3.5cm
裤袢
0.5缉线
贴袋
脚口卷边

图 6-32

图 6-33

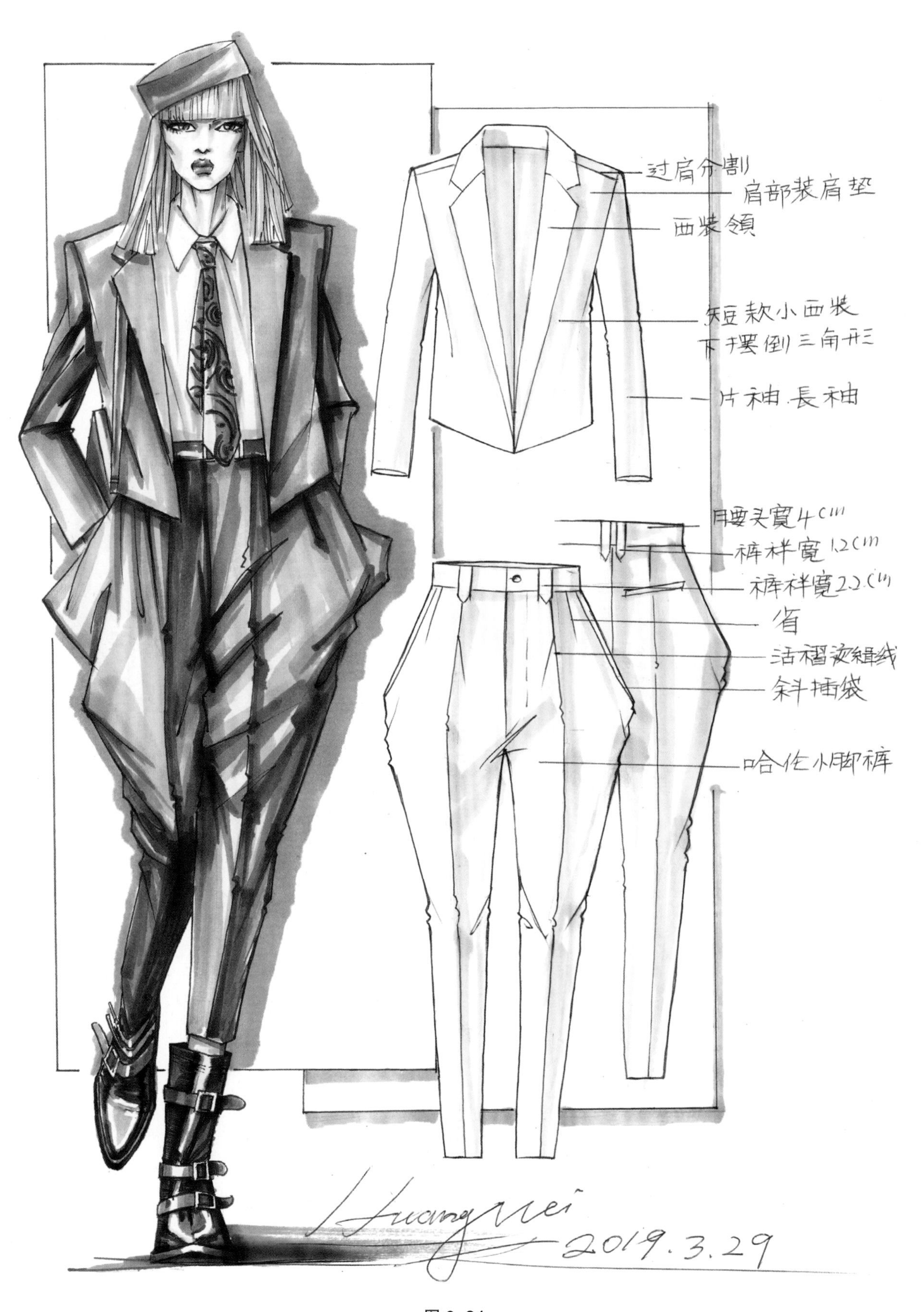

过肩分割
肩部装肩垫
西装领
短款小西装
下摆倒三角形
片袖.長袖
腰头宽4cm
裤袢宽1.2cm
裤袢宽2.2cm
省
活褶效缉线
斜插袋
哈伦小脚裤
Huangmei
2019.3.29

图 6–34

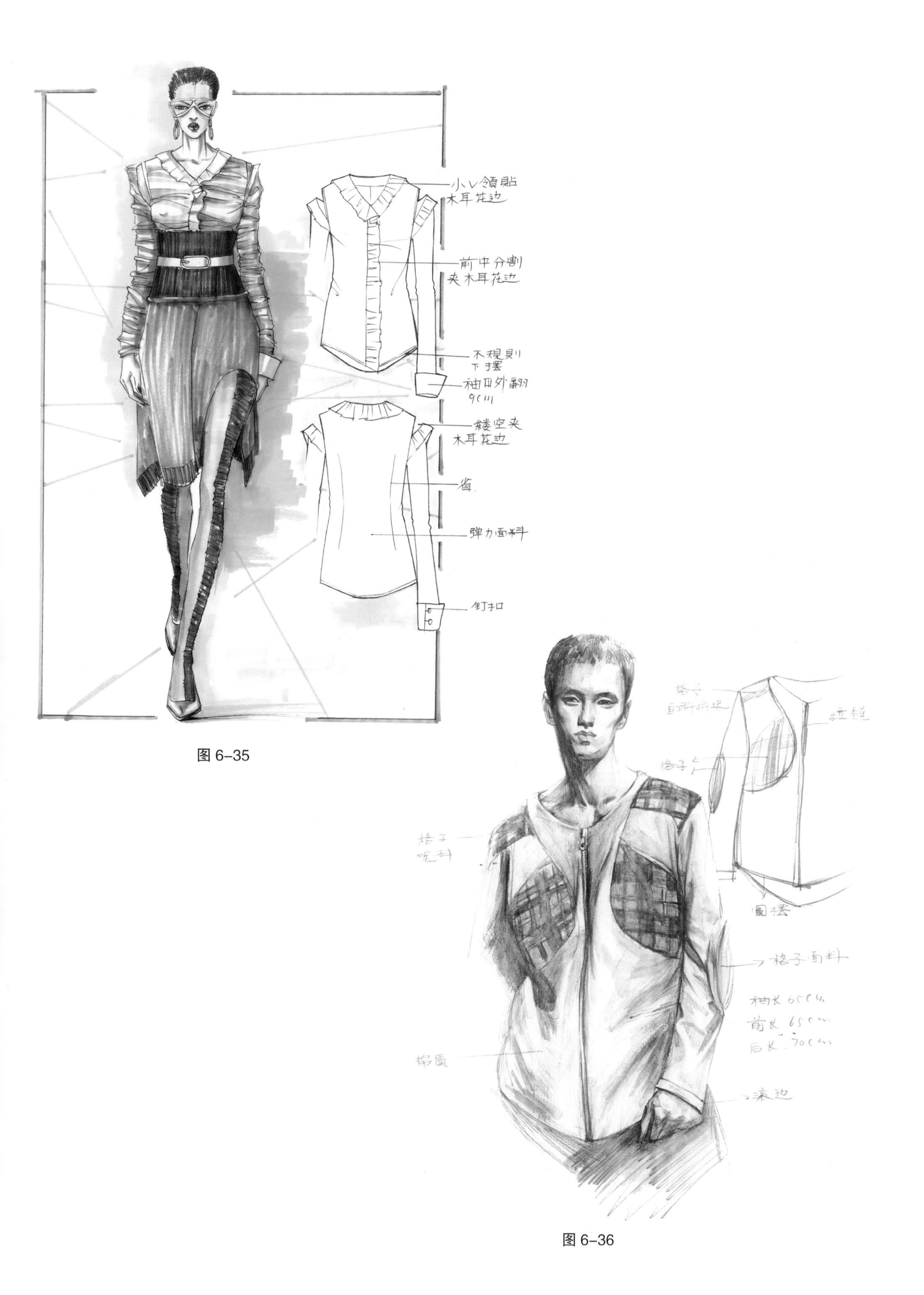

小V领贴
木耳花边
前中分割
夹木耳花边
不规则
下摆
袖口外翻
9cm
镂空夹
木耳花边
省
弹力面料
钉扣
格子
面料拼接
拉链
格子
格子
呢料
圆摆
格子面料
袖长 65cm
前长 65cm
后长 70cm
棉质
滚边

图 6-35

图 6-36

图 6–37

图 6–38

图 6–39

图 6-40

图 6-41

图 6–42

面料反面
肩宽40cm
翻领
落肩10cm
面料反面
胸围105cm
袖长60cm
袋口
袖口外翻10cm
贴袋
毛呢
衣长107cm

图 6-43

HUANG.WEI.2019.5.5
连身立领
肩38cm
胸围88cm
假两件
省
衣長55cm
袖長60cm
撞色
HUANG.WEI.2019.5

图 6-44

图 6-45

图 6–46

图 6–47

西装领
落肩袖
后中缝
彩虹色
撞色
开衩
H型风衣
假两件
欧根纱
西装领
露肩袖
腰省
单嵌条开袋2.5cm
腰省
单片袖
单排扣
门襟钉暗扣
H型风衣

图 6–48

图 6–49

图 6–50

图 6–51

图 6-52

图 6-53

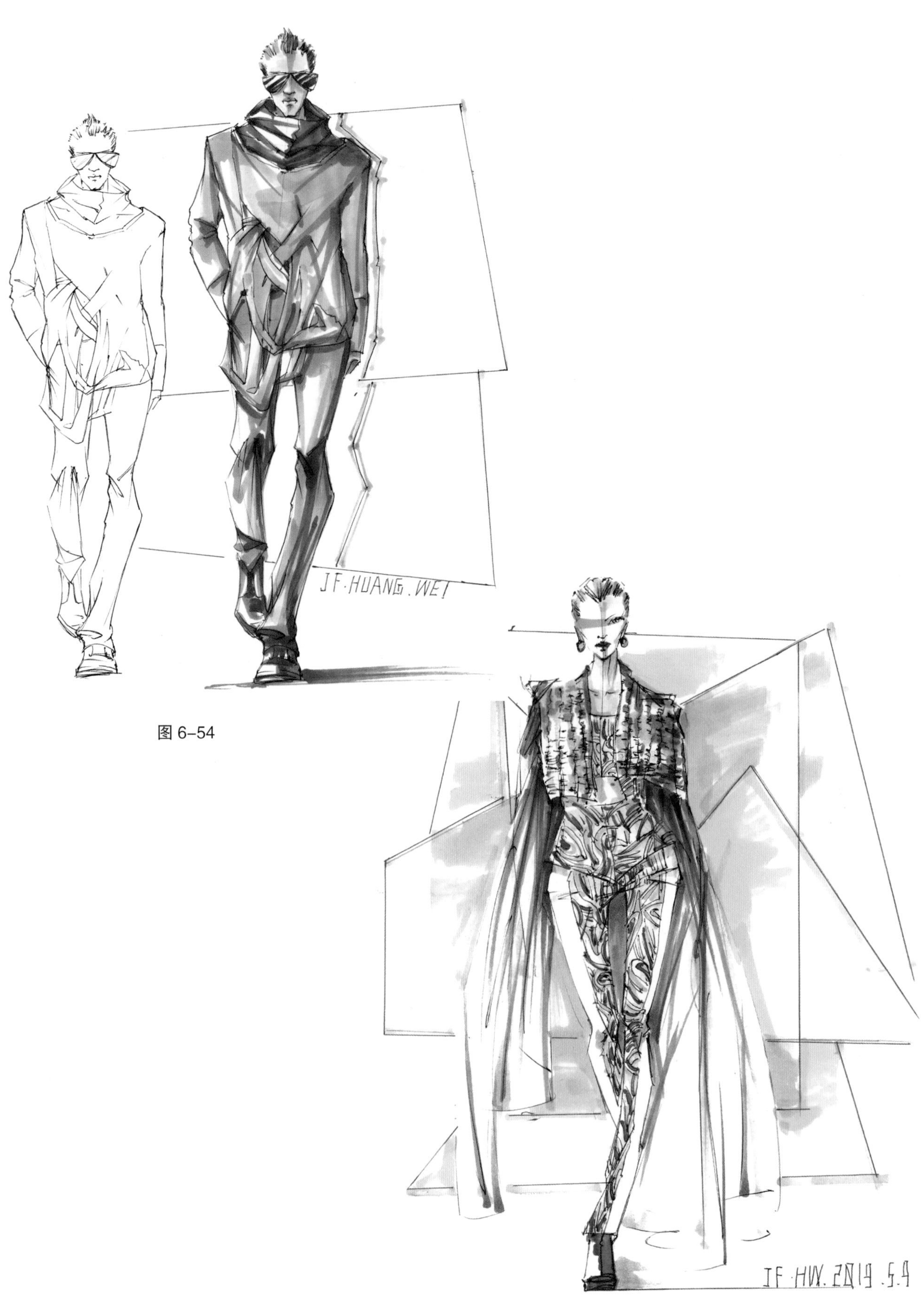

图 6–54

图 6–55

图 6-56

图 6-57

图 6–58

图 6-59

图 6-60

图 6–61

图 6–62

图 6-63

图 6-64

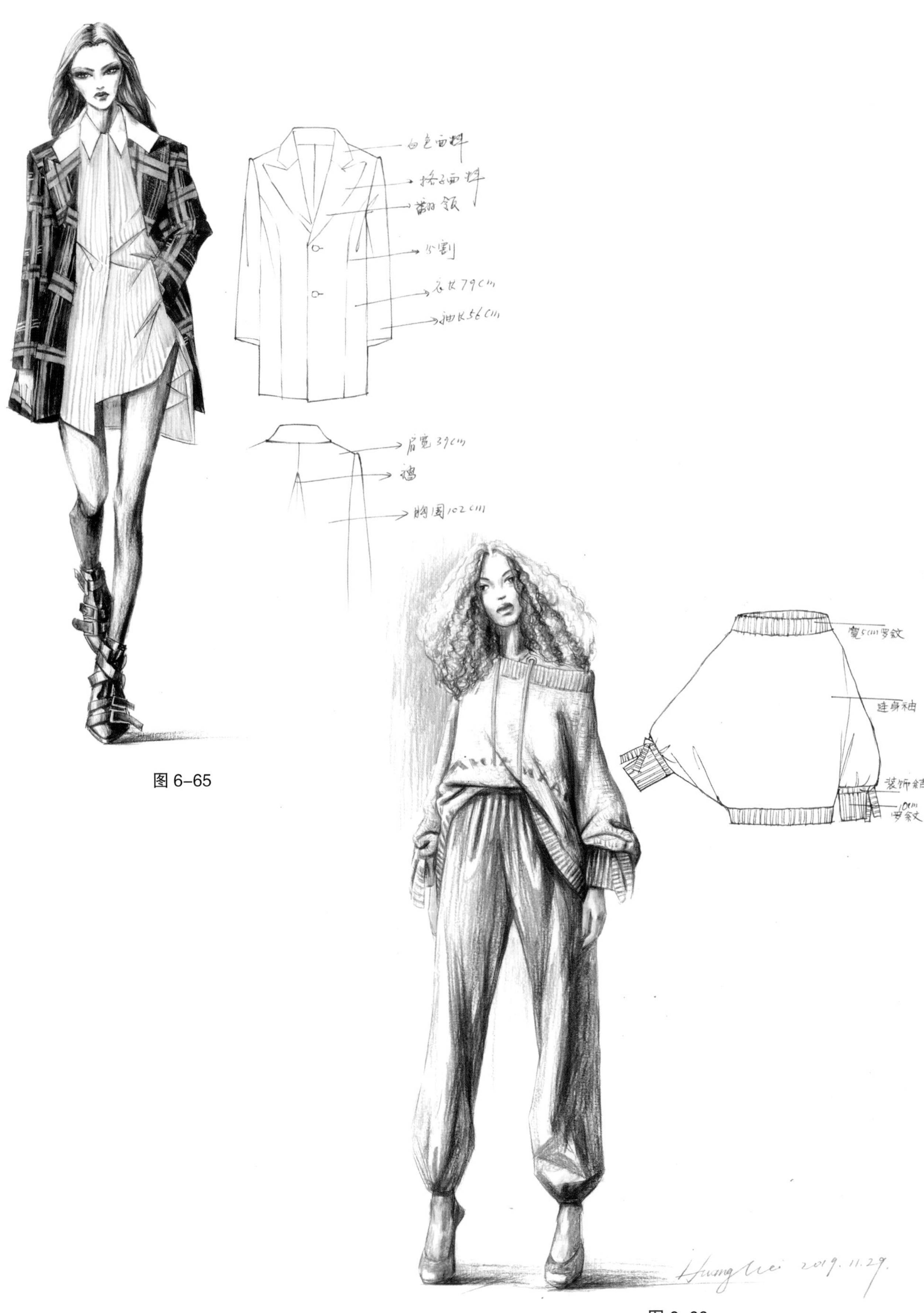
白色面料
格子面料
翻领
分割
衣长79cm
袖长56cm
肩宽39cm
省
胸围102cm
宽5cm罗纹
连身袖
装饰结
10cm
罗纹
2019.11.29.

图 6–65

图 6–66

图 6–67

胸围
100cm
袋唇3cm
袖袢
宽3.5cm
衣长
65.cm
袖长60cm
胸围118cm
袖长74cm
袖口围34cm
打断
袖口外翻5cm
H.型衣长108cm
双面呢
大衣衣长
100cm
黑色织带

图 6–68

图 6–69

图 6-70

图 6-71

图 6–72

图 6–73

图 6–74

图 6-75

图 6-76

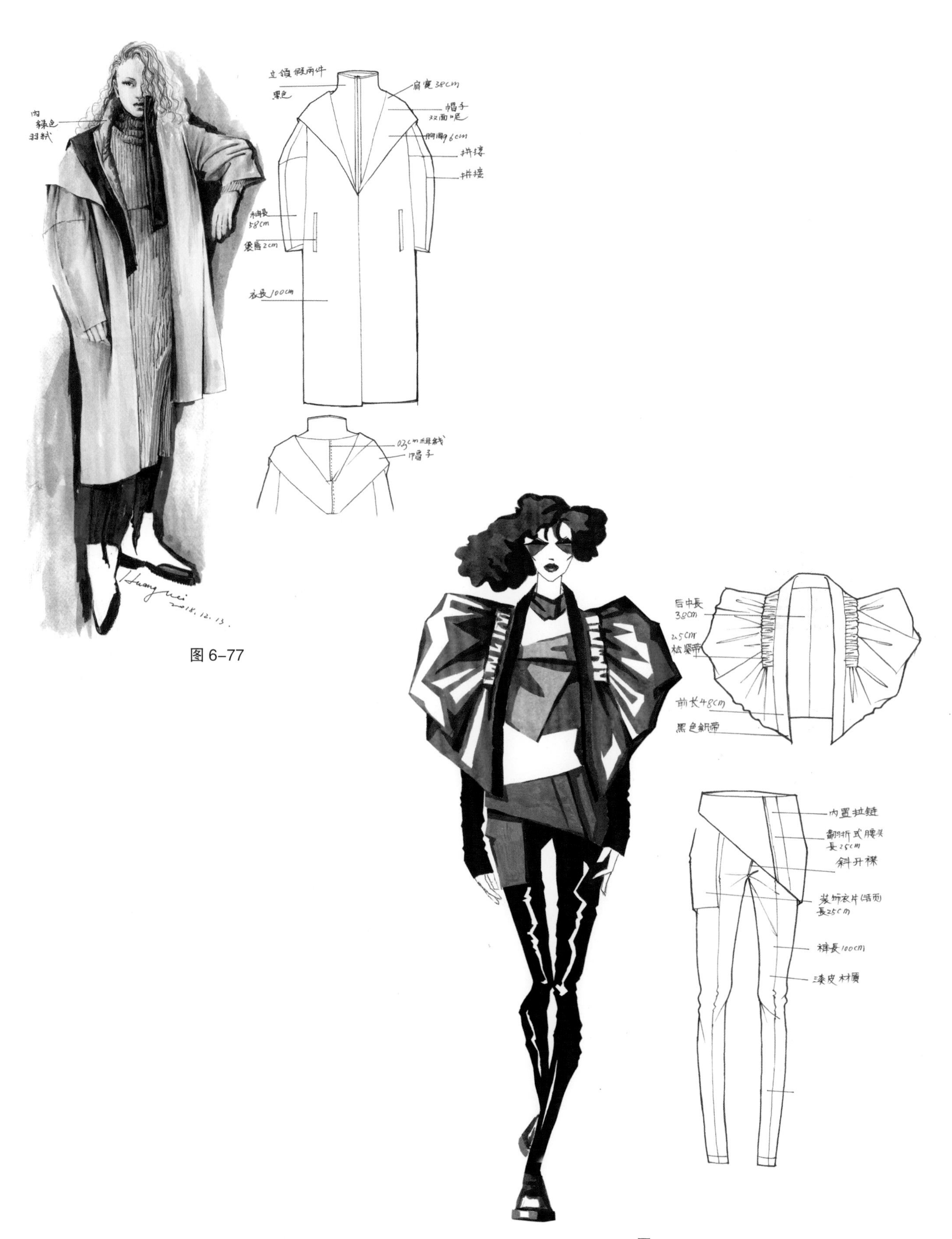
立领假两件
黑色
肩宽38cm
帽子
双面呢
胸围96cm
拼接
拼接
袖长58cm
衣长100cm
帽子
后中长38cm
前长48cm
黑色织带
内置拉链
裤长100cm
漆皮材质

图 6–77

图 6–78

翻领
肩袢宽2.5cm
暗门襟装拉链
落肩袖
装饰拉链
装饰袋盖
拉链开袋
下摆钉袢
可脱卸腰带
袖口开衩
西装领
钉暗扣
腰节衣袢
腰带宽6cm
侧缝开袋
大翻领
荷叶边
省
袖克夫
连身内裤
腰头
口袋
收口宽松裤
收口
双扣
J.H. HUANGWEI.2020

图 6-79

图 6-80

车线
立领
不规则门襟
弧线门襟
3cm缉线
分割
分割
0.5cm缉线
后中
长后片
西装领
1cm车线
0.8缉线
大袖
分割
短绒拼接
J.F.HUANG.WEI.2020

图 6-81

图 6-82

图 6–83

图 6-84

图 6–85